高校入試

出るナビ

理科

Gakken

は じ め に

受験生のみなさんは，日々忙しい中学生活と，入試対策の勉強を両立しながら，志望校合格を目指して頑張っていると思います。

　志望校に合格するための最も効果的な勉強法は，入試でよく出題される内容を集中的に学習することです。

　そこで，入試の傾向を分析して，短時間で効果的に「入試に出る要点や内容」がつかめる，ポケットサイズの参考書を作りました。この本では，入試で得点アップを確実にするために，中学全範囲の学習内容が理解しやすいように整理されています。覚えるべきポイントは確実に覚えられるように，ミスしやすいポイントは注意と対策を示すといった工夫をしています。また，付属の赤フィルターがみなさんの理解と暗記をサポートします。

　表紙のお守りモチーフには，毎日忙しい受験生のみなさんにお守りのように携えてもらって，いつでもどこでも活用してもらい，学習をサポートしたい！　という思いを込めています。この本に取り組んだあなたの努力が実を結ぶことを心から願っています。

出るナビ編集チーム一同

出るナビシリーズの特長

高校入試に出る要点が
ギュッとつまったポケット参考書

　項目ごとの見開き構成で，入試によく出る要点や内容をしっかりおさえています。コンパクトサイズなので，入試準備のスタート期や追い込み期，入試直前の短期学習まで，いつでもどこでも入試対策ができる，頼れる参考書です。

見やすい紙面と赤フィルターで
いつでもどこでも要点チェック

　シンプルですっきりした紙面で，要点がしっかりつかめます。また，最重要の用語やポイントは，赤フィルターで隠せる仕組みになっているので，要点が身についているか，手軽に確認できます。

こんなときに
出るナビが使える！

持ち運んで，好きなタイミングで勉強しよう！　出るナビは，いつでも頼れるあなたの入試対策のお守りです！

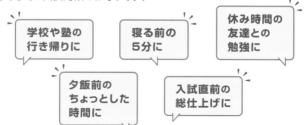

この本の使い方

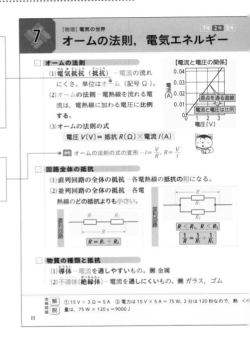

7 [物理] 電気の世界　　1年 **2年** 3年

オームの法則，電気エネルギー

オームの法則

(1) **電気抵抗（抵抗）** …電流の流れにくさ。単位は**オーム**（記号 Ω）。

(2) **オームの法則** …電熱線を流れる電流は、電熱線に加わる電圧に**比例**する。

(3) オームの法則の式

電圧 V(V) = 抵抗 R(Ω) × 電流 I(A)

● オームの法則の式の変形→ $I = \dfrac{V}{R}$, $R = \dfrac{V}{I}$

【電流と電圧の関係】

原点を通る直線
電流と電圧は比例

回路全体の抵抗

(1) 直列回路の全体の抵抗…各電熱線の抵抗の**和**になる。

(2) 並列回路の全体の抵抗…各電熱線のどの抵抗よりも**小さい**。

直列回路
$R = R_1 + R_2$

並列回路
$R < R_1,\ R < R_2$
$\dfrac{1}{R} = \dfrac{1}{R_1} + \dfrac{1}{R_2}$

物質の種類と抵抗

(1) **導体** …電流を通しやすいもの。例 金属

(2) **不導体（絶縁体）** …電流を通しにくいもの。例 ガラス，ゴム

実戦問題　解説　①15 V ÷ 3 Ω = 5 A　②電力は 15 V × 5 A = 75 W, 2分は 120 秒なので、熱 <く量は、75 W × 120 s = 9000 J

22

入試
ナビ
入試で問われやす
い内容や, その対
策などについてアドバイ
スしています。

入試ナビ 電力量と熱量の単位は同じジュールを使い, 同じ公式 電力[W]×時間[s] で表す。

★★★★★

☐ **電力と電力量**

(1) **電力(消費電力)**…1秒間に消費する電気エネルギーの量。電流と電圧の積で表す。単位は**ワット**(記号W)。

電力[W] = 電圧[V]×電流[A]

(2) **電力量**…消費された電気エネルギーの全体量。単位は**ジュール**(記号J)や**ワット時**(記号Wh)。

電力量[J]=電力[W]×時間[s]

○1Wh…1Wの電力を1時間消費したときの電力量。1Wh = 3600J

20 W 100 W 100 W 100 V

100 Wの方が明るい

(3) **電気器具のはたらきの大きさ**
…電力が大きいほど, はたらきが**大きい**。

☐ **熱量**

(1) **熱量**…熱エネルギーの量。単位はジュール(記号J)。

○**熱量[J]=電力[W]×時間[s]**

注 1J は1Wの電力で1秒間に発生した熱量。

☆の数は, 入試における重要度を表しています。

注意 間違えやすい内容や, おさえておきたいポイントを解説しています。

入試に出る 実戦問題 > オームの法則と電力
※解説は左のページ

図のように, 水が入ったビーカーに抵抗の大きさが3Ωの電熱線を入れ, 15Vの電圧を加えた。

電源装置
水
電熱線
ビーカー

☐ ①この電熱線に流れる電流は何Aか。 [**5A**]

☐ ②この電熱線に2分間電流を流した。発熱量は何Jか。 [**9000J**]

23

入試に出る 実戦問題

入試で問われやすい内容を, 実戦に近い問題形式で確かめられます。

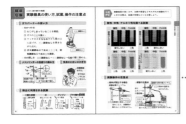

実験器具の使い方,試薬,操作の注意点

弱点
征服 で
ニガテ対策もバッチリ!

多くの受験生がニガテとする内容をまとめた特集ページで,さらなる得点アップをめざそう!

もくじ

生物

地学

が暗記アプリでも使える!

ページ画像データをダウンロードして,
スマホでも「高校入試出るナビ」を使ってみよう!

|||||||| 暗記アプリ紹介 & ダウンロード 特設サイト ||||||||

スマホなどで赤フィルター機能が使える便利なアプリを紹介します。下記のURL,または右の二次元コードからサイトにアクセスしよう。自分の気に入ったアプリをダウンロードしてみよう!

Webサイト https://gakken-ep.jp/extra/derunavi_appli/

「ダウンロードはこちら」にアクセスすると,上記のサイトで紹介した赤フィルターアプリで使える,この本のページ画像データがダウンロードできます。使用するアプリに合わせて必要なファイル形式のデータをダウンロードしよう。

※データのダウンロードにはGakkenIDへの登録が必要です。

ページデータダウンロードの手順

① アプリ紹介ページの「ページデータダウンロードはこちら」にアクセス。

② Gakken IDに登録しよう。

③ 登録が完了したら,この本のダウンロードページに進んで,
下記の『書籍識別ID』と『ダウンロード用PASS』を入力しよう。

④ 認証されたら,自分の使用したいファイル形式のデータを選ぼう!

書籍識別 ID nyushi_sc

ダウンロード用 PASS zE54NLDp

I

光の性質

✓ 光の進み方

(1) **光の直進**…光は，同一な物質内では直進する。

(2) **光の反射**…光が物体の表面で反射するとき，**入射角＝反射角**の関係が成り立つ。 *（光の）反射の法則*

(3) **光の屈折**…光が異なる種類の物質へ進むとき，その境界面で**折れ曲がって進む現象**。

　◎ **空気中 ⇨ 水中（ガラス）に進むとき** → 光は境界面から**遠ざかる**。

　入射角＞屈折角

　◎ **水中（ガラス） ⇨ 空気中に進むとき** → 光は境界面に**近づく**。

　入射角＜屈折角

(4) **全反射**…光が境界面ですべて反射される現象。

(5) **光の色**…太陽の光などを**白色光**といい，いろいろな色の光が混ざって白く見える。

　　└─ 白色光をプリズムに通すと色が分かれて見える。

【（光の）反射の法則】

入射角＝反射角

光　入射光　入射角　反射角　反射光

鏡

【屈折のしかた】

・空気中から水中へ **入射角＞屈折角**

空気　入射角　一部反射した光　水　屈折角

・水中から空気中へ **入射角＜屈折角**

屈折角　空気　水　入射角　一部反射した光

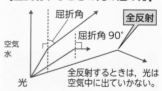

【全反射するときの光の進み方】

空気　水　屈折角90°　**全反射**

全反射するときは，光は空気中に出ていかない。

光

実戦問題 **解説** ① 実像は，上下左右が逆になる。　②物体を焦点と焦点距離の2倍の位置の間に置くと，実物より大きい像が焦点距離の2倍の位置より離れた位置にできる。　≪≪

10

入試ナビ 凸レンズでできる像の大きさと位置…物体が焦点から遠くにあるほど，できる像は小さく，レンズに近づく。

☑ 凸レンズと光の進み方

(1) **光軸に平行な光**
　　└ 右図のA
　　…**屈折**して反対側の**焦点**を通る。

(2) **凸レンズの中心を通る光**
　　└ 右図のB
　　…そのまま**直進**する。

(3) **焦点を通る光**
　　└ 右図のC
　　…屈折して光軸に**平行**に進む。

【凸レンズと光の進み方】

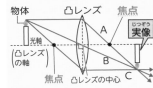

☑ 実像と虚像

◎物体が図のa〜eにあるとき，次のように像ができる。

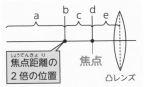

焦点距離の2倍の位置

a…実物より**小さい**。
b…実物と**同じ大きさ**。　┐
c…実物より**大きい**。　　┘ **実像**
d…**像はできない**。
e…**虚像**（凸レンズを通して見える像。）

注意 実像は上下左右逆向き，虚像は上下左右同じ向きにできる。

入試に出る 実戦問題 ＞凸レンズのはたらき

※解説は左のページ

図は，凸レンズによってできる像を作図したものである。

☑ ① できた像の向きはどうなっているか。簡単に書け。

[（実物と）**上下左右が逆**。]

☑ ② 物体を焦点に近づけていくと，像は**ア**の位置より焦点に近づくか，遠ざかるか。

[**遠ざかる**。]

音の性質

☑ 音の伝わり方

(1) **音源（発音体）** …音を出す物体。音が出ているとき，**振動**している。

(2) **音を伝えるもの** …音は**気体・液体・固体**の中を伝わるが，音を伝える物体がないと音は**伝わらない**。

【空気が音を伝えることの確認】

ベル

プロペラ

リボン

空気

空気をぬく。 ➡ ベルの音がほとんど聞こえなくなる。

(3) **音の伝わり方** …音源からの振動が**波**として広がりながら伝わる。

(4) **音の伝わる速さ** …空気中では，約 340 m/s の速さで伝わる。
　　└ 物質により，伝わる速さは異なる。

◎ 音の速さの求め方

$$音の速さ〔m/s〕= \frac{音が伝わる距離〔m〕}{音が伝わる時間〔s〕}$$

(5) **音の速さのはかり方** …観測地点から花火までの**距離**と，花火が見えてから，音が聞こえるまでの**時間**をはかって計算する。

◎ 光の伝わる速さは，音の伝わ
　　└ 約30万km/s
る速さよりもはるかに**速い**。

押す

花火が見えたとき 時間をはかる。

音が聞こえたとき

ストップウォッチではかる。

実戦問題 | 解説 | ① 音を出している物体の振動の振れ幅を振幅という。振幅は音の大きさに関係する。　◀◀◀
② AとBの音は，振動数が同じなので，音の高さが同じであることがわかる。

入試ナビ
音の大小…音源の振幅が大きいほど，音は大きい。
音の高低…振動数が多いほど，音は高い。

☑ 音の大きさと高さ

(1) 振幅…音源の振動の**振れ幅**。
└─ 振動の中心からの幅

(2) 音の大小…振幅が**大きい**ほど，**大きな音**になる。

(3) 振動数…音源が1秒間に振動する回数。
◎振動数の単位 → **ヘルツ**（記号 Hz）。

(4) 音の高低…振動数が**多い**ほど，**高い音**になる。

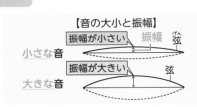

【音の大小と振幅】
振幅が小さい　振幅　弦
小さな音
振幅が大きい　弦
大きな音

【弦と音の高さの関係】

音の高さ	高い ⟷ 低い
弦の長さ	短い ⟷ 長い
弦の張り方	強い ⟷ 弱い
弦の太さ	細い ⟷ 太い

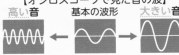

【オシロスコープで見た音の波】
高い音　基本の波形　大きい音

注意 音の大小は振幅に関係していて，音の高低は振動数に関係している。

入試に出る　実戦問題 > 音の大きさと高さ
※解説は左のページ

モノコードの弦をはじいて，音の波形をコンピュータの画面に表示した。

☑ ① 振幅を表しているのは**ア**，**イ**のどちらか。　　[　**イ**　]

☑ ② AとBの音で同じなのは，大きさと高さのどちらか。　[　**高さ**　]

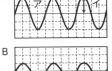

A
ア　イ

B

【物理】力

力のはたらき

☑ 力のはたらき

(1) **力のはたらき**…力は次のいずれかのはたらきをする。
　┗力がはたらいているとき, 力を加える物体と力を受ける物体がある。
　◎物体の形を**変える**。　　◎物体を**支える**。
　◎物体の**運動**のようすを変える。

(2) **いろいろな力**…弾性力, 摩擦力,
　垂直抗力, 磁力, 電気力, 重力
　など。

　◎**重力**…地球が**中心**に向かって
　物体を引く力。地球上の**すべ
　ての物体**にはたらく。
　┗鉛直方向

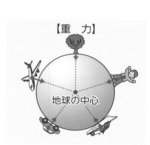

【重　力】

地球の中心

☑ 力の大きさとばねののび

(1) **力の大きさ**…単位は**ニュートン**（記号 **N**）。
　1 N は, 約 **100 g** の物体にはたらく**重力**の大きさに等しい。

(2) **フックの法則**…ばねのの
　びは, ばねに加えた**力の大
　きさに比例する。**

　⚠ ばねにはたらく力の大き
　　さが同じでも, ばねの種
　　類によってばねののび方
　　は異なる。

【力の大きさとばねののびの関係】

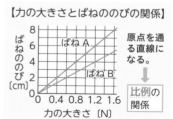

**原点を通
る直線に
なる。**

↓

比例の
関係

実戦問題 | 解説 | ① 矢印で示した力は, おもりの中心から鉛直下向きにはたらいている。糸がおもりを ≪≪
引く力は, おもりと糸が接しているところから上向きに表す。
② 方眼の1目盛りは 2 N を表すから, 2 N×3＝6 N

14

☑ 力の表し方

(1) **力の3要素**…力のはたらきは，力の**大きさ**，力の**向き**，**作用点**で決まる。

(2) **力の図示**…力は**矢印**で表す。

◎ **力の大きさ** → 矢印の**長さ**。

◎ **力の向き** → 矢印の**向き**。└矢印の長さは力の大きさに比例させてかく。

◎ **作用点** → 矢印の**もと**。

【力の表し方】
力のはたらく点
作用点
力の**大きさ**
力の向き
作用線

(3) **重さと質量のちがい**

重さ	質量
・物体にはたらく重力の大きさ	・物体（物質）そのものの量
・はかる場所により変わる。	・場所が変わっても変わらない。
・単位は N	・単位は g，kg
・ばねばかりではかる。	・上皿てんびんなどではかる。

【場所による重さのちがい】

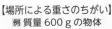

例 質量 600 g の物体

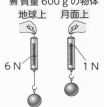

地球上　　月面上

6 N　　　1 N

入試に出る 実戦問題 > 力の表し方

※解説は左のページ

図のように，天井から糸でおもりをつるした。方眼の1目盛りは2Nを表すものとする。

糸

おもり

☑ ① 矢印が表している力を次の**ア**，**イ**から選べ。

　　ア 糸がおもりを引く力

　　イ おもりにはたらく重力　　〔 **イ** 〕

☑ ② ①の力の大きさは何Nか。　　〔 **6 N** 〕

4 【物理】力
力の規則性

☑ 2力のつり合い

(1) 2力のつり合い… 1つの物体に2力がはたらいているとき，物体が**静止**していれば，2力は**つり合っている**という。

(2) つり合いの条件 注 1つでも成り立たないと，つり合わない。

◎ 2力の大きさが**等しい**。

◎ 2力の**向きは**反対である。

◎ 2力が**同一直線**上にある。

つり合っている

(3) 垂直抗力… 床の上に物体を置いたとき，**床から物体**に垂直にはたらく力。
―― 物体にはたらく重力とつり合う。

(4) 摩擦力… 物体どうしがふれ合っている面で力を加えたとき，物体の運動の向きとは**逆向き**にはたらく力。

☑ 力の合成・分解

(1) 合力… 2力と同じはたらきをする1つの力のこと。

(2) 力の合成… 合力を求めること。

◎ 2力が一直線上にある。

◎ 2力が一直線上にない。

力A 力B 合力
力A＋力B＝合力

力A 合力 力B
力B－力A＝合力

力A，Bを2辺とする平行四辺形の対角線が合力

注 2力がつり合っているとき，その合力は0になっている。

実戦問題 解説 ① おもりは静止しているので，力の矢印アと重力はつり合っている。重力の矢印は物体の中心からかく。② 矢印アを対角線，A，Bの方向を2辺とする平行四辺形をかく。 ≪

入試ナビ 力のはたらき方…2力のつり合いでは1つの物体に力がはたらき，作用・反作用では2つの物体の間で力がはたらく。

★★★
★★★
★

(3)**分力**… 1つの力と同じはたらきをする2力のこと。

(4)**力の分解**… 分力を求めること。

> 分解しようとする力を対角線，分解する方向を2辺とする平行四辺形をかく。

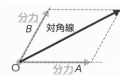

力

☑ **作用・反作用の法則**

(1)**作用・反作用**… 人が壁に力を加えたとき，人も壁から力を受ける。このとき，**人が壁に加えた力を作用**とすると，**人が壁から受けた力を反作用**という。

(2)**作用・反作用の法則**… 作用と反作用は，**2つの物体の間に同時にはたらく力**で，**大きさが等しく**，向きは反対で，同一直線上にはたらく。

入試に出る **実戦問題** > **力のつり合い，分解**

※解説は左のページ

糸でおもりをつるして，静止させた。

☑ ① 糸がおもりを引く力の矢印が**ア**のとき，おもりにはたらく重力を矢印で表せ。

☑ ② 力の矢印**ア**を，A，Bの方向に分解して表せ。

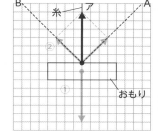

5 【物理】力
水圧と浮力

☑ 水圧

(1) **水圧**…水中にある物体にはたらく水の重さによる<u>圧力</u>。単位
は**パスカル**(記号 Pa)。 └─ P.108

(2) **水圧のはたらき方**

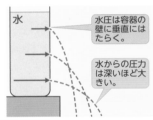

【水圧のはたらき方】
水
水圧
あらゆる方向からはたらく。

◎水圧は**あらゆる方向**からはたらく。

◎水中の物体の各面や容器の壁に**垂直**には
たらく。

(3) **水圧の大きさ**…**深さ**によって決
まる。

水

水圧は容器の壁に垂直にはたらく。

◎水面から**深くなるほど大きく**
なる。

◎同じ深さでは,水圧の大きさ
は**等しい**。

水からの圧力は深いほど大きい。

参考 水圧の大きさは,水面からの深さに比例する。

(4) **水圧の大きさと向きを調べる実験**

結果1

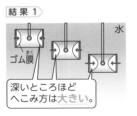

水
ゴム膜

深いところほど
へこみ方は**大きい**。

結果2

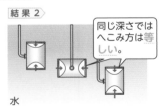

同じ深さでは
へこみ方は**等**
しい。

水

実戦問題 解説 ①80gの物体を空気中でばねばかりにつるすと,目盛りは0.8Nを示す。よって浮
力の大きさは,0.8N-0.6N=0.2N ②浮力は,水中部分の体積が大きいほど大
きくなり,物体全体が水中にあるとき,物体の重さや深さには関係しない。

入試ナビ 水圧は深いところほど大きいが，浮力は深さには関係しないことに注意。 ★★★★

☑ **浮力**

(1) **浮力**…水中の物体にはたらく**上向き**の力。上面と下面にはたらく**水圧**の差によって生じる。

(2) 浮力の大きさ…水中部分の**体積**が大きいほど浮力は大きい。

> **浮力の大きさ**
> **＝空気中での重さ－水中での重さ**

> 🔹 物体全体が水中にあるとき，浮力の大きさは深さに関係しない。

(3) **浮力と物体の浮き沈み**
…水中の物体が浮くか沈むかは，重力と浮力の大きさの関係で決まる。

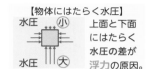

【物体にはたらく水圧】
上面と下面にはたらく水圧の差が浮力の原因。

【浮力】
空気中での重さ　水中での重さ　浮力の大きさ　水

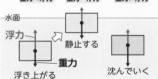

【浮力と物体の浮き沈み】
重力＜浮力　重力＝浮力　重力＞浮力
浮力　静止する
水面
重力
浮き上がる　沈んでいく

入試に出る 実戦問題 ＞ 浮力の大きさ ※解説は左のページ

80 g の物体をばねばかりにつるして水に沈めたところ，ばねばかりの目盛りは 0.6 N を示した。なお，100 g の物体にはたらく重力の大きさを 1 N とする。

☑ ①物体にはたらく浮力の大きさは何Nか。

[0.2 N]

☑ ②浮力の大きさに関係するのは，物体の重さと体積のどちらか。 [体積]

ばねばかり

水

[物理] 電気の世界　　　　　　　　　　　　　1年 **2年** 3年

6 回路の電流や電圧のきまり

☑ 回路

(1)**回路**…**電流**の流れる道すじ。電源の**+極**から**-極**の向きに流れる。

◎ 電気用図記号

電源(電池)	電球	スイッチ	抵抗器(電熱線)	電流計	電圧計
—┤├—	⊗	—/ —	—▭—	Ⓐ	Ⓥ

注意 長い方が+極！

◎ 回路には，**直列**回路と**並列**回路がある。

☑ 電流・電圧

(1)**電流**…電流の大きさは**電流計**ではかる。単位は**アンペア**（記号 A），**ミリアンペア**（記号 mA）。1 A＝1000 mA

(2)**電圧**…電流を流そうとするはたらき。**電圧計**ではかる。単位は**ボルト**（記号 V）。

(3)**電流計・電圧計の使い方**

【電流計・電圧計のつなぎ方】

-端子を電源の
-極側につなぐ。
+端子を電源の
+極側につなぐ。

電流計は
測定部分
に**直列**に
つなぐ。

電圧計は
測定部分
に**並列**に
つなぐ。

【電流計の目盛りの読みとり方】

5 A の端子を使ったときに読む。

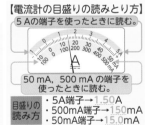

50 mA，500 mA の端子を
使ったときに読む。

目盛りの
読み方
・5A端子→**1.50**A
・500mA端子→**150**mA
・50mA端子→**15.0**mA

注意 電流や電圧の大きさが予想できないとき，5 A や 300 V のようにいちばん大きい電流や電圧がはかれる端子につなぐ。

実戦問題　**解説** ② 直列回路なので電熱線 A，B に 0.2 A の電流が流れている。このときの PQ 間の電圧は，電熱線 A と B に加わる電圧の和になる。2 V ＋5 V ＝7 V

入試ナビ

回路と電流・電圧のきまり…等しいものに注目！
直列回路で等しいのは電流，並列回路で等しいのは電圧。

☑ 直列回路と電流・電圧

(1) **電流の大きさ**…回路のどの点でも 等しい。

(2) **電圧の大きさ**…各抵抗に加わる電圧の 和 は，電源の電圧に等しい。

【直列回路の電流】 $I = I_1 = I_2$

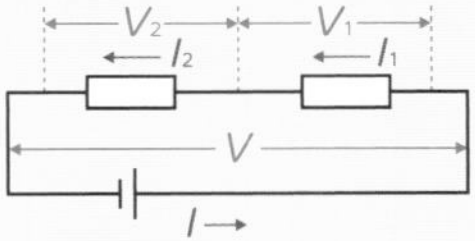

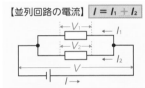

【直列回路の電圧】 $V = V_1 + V_2$

☑ 並列回路と電流・電圧

(1) **電流の大きさ**…枝分かれした電流の 和 は，分かれる前や合流したあとの電流に等しい。

(2) **電圧の大きさ**…各抵抗に加わる電圧は，電源の電圧と 等しい。

【並列回路の電流】 $I = I_1 + I_2$

【並列回路の電圧】 $V = V_1 = V_2$

電気の世界

入試に出る 実戦問題 ＞電流と電圧

※解説は左のページ

図1は電熱線A，Bに加わる電圧とそのときの電流の関係を示している。図2のような回路をつくり，電流と電圧を測定した。

☑ ① 電流計は図2の**ア**，**イ**のどちらか。

[**ア**]

☑ ② 電流計が0.2 Aを示したとき，PQ間に加わる電圧は何Vか。

[**7V**]

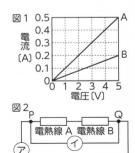

図1

縦軸：電流〔A〕 0.5 0.4 0.3 0.2 0.1 0
横軸：電圧〔V〕 0 1 2 3 4 5
（A，B の直線）

図2
P 電熱線A 電熱線B Q
ア イ

オームの法則, 電気エネルギー

☑ **オームの法則**

(1) **電気抵抗（抵抗）** … 電流の流れ にくさ。単位は**オーム**（記号 Ω）。

(2) **オーム**の法則 … 電熱線を流れる電 流は，電熱線に加わる電圧に**比例** する。

(3) オームの法則の式

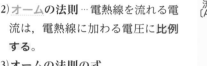

$$電圧\ V(V) = 抵抗\ R(Ω) \times 電流\ I(A)$$

参考 オームの法則の式の変形 … $I = \dfrac{V}{R}$, $R = \dfrac{V}{I}$

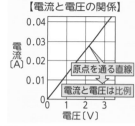

【電流と電圧の関係】

電流〔A〕

0.04
0.03
0.02
0.01
0

電圧〔V〕
0　1　2　3

原点を通る直線

電流と電圧は比例

☑ **回路全体の抵抗**

(1) **直列回路の全体の抵抗** … 各電熱線の抵抗の**和**になる。

(2) **並列回路の全体の抵抗** … 各電 熱線のどの抵抗よりも**小さい**。

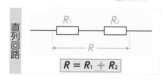

直列回路

R_1　R_2

R

$$R = R_1 + R_2$$

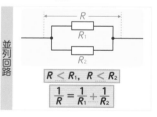

並列回路

R

R_1

R_2

$$R < R_1,\ R < R_2$$

$$\frac{1}{R} = \frac{1}{R_1} + \frac{1}{R_2}$$

☑ **物質の種類と抵抗**

(1) **導体** … **電流**を通しやすいもの。**例** 金属

(2) **不導体（絶縁体）** … 電流を通しにくいもの。**例** ガラス，ゴム

実戦問題 **解説** ① 15 V ÷ 3 Ω = 5 A　② 電力は 15 V × 5 A = 75 W, 2 分は 120 秒なので, 熱 量は, 75 W × 120 s = 9000 J　≪

入試ナビ 電力量と熱量の単位は同じジュールを使い，同じ公式 電力〔W〕×時間〔s〕 で表す。

☑ 電力と電力量

(1) **電力（消費電力）** … 1 秒間に消費する電気エネルギーの量。電流と電圧の積で表す。単位は**ワット**（記号 W ）。

電力〔W〕= 電圧〔V〕×電流〔A〕

(2) **電力量** … 消費された電気エネルギーの全体量。単位は**ジュール**（記号 J ）やワット時（記号 Wh ）。

電力量〔J〕=電力〔W〕×時間〔s〕

◎ 1 Wh … 1 W の電力を 1 時間消費したときの電力量。1 Wh = 3600 J

(3) **電気器具のはたらきの大きさ**

… 電力が大きいほど，はたらきが**大きい**。

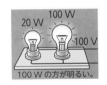

20 W　100 W　100 W　100 V　100 W の方が明るい。

☑ 熱量

(1) **熱量** … 熱エネルギーの量。単位は**ジュール**（記号 J ）。

熱量〔J〕=電力〔W〕×時間〔s〕

注意 1 J は 1 W の電力で 1 秒間に発生した熱量。

入試に出る 実戦問題 ＞ オームの法則と電力 ※解説は左のページ

図のように，水が入ったビーカーに抵抗の大きさが 3 Ω の電熱線を入れ，15 V の電圧を加えた。

電源装置　水　電熱線　ビーカー

☑ ① この電熱線に流れる電流は何 A か。

[**5 A**]

☑ ② この電熱線に 2 分間電流を流した。発熱量は何 J か。

[**9000 J**]

【物理】電気の世界

電流回路の計算でミスしないために

☑ ## 直列回路の全体の抵抗を求める

例題　5Ωと10Ωの電熱線を直列につないだ。回路全体の抵抗は何Ωか。

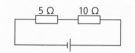

解答と解説

直列回路では，**全体の抵抗は各電熱線の抵抗の和に等しい**ので，

$R = 5\,Ω + 10\,Ω = 15\,Ω$

ポイント

直列回路では，各抵抗をたせばよい。

☑ ## 並列回路の全体の抵抗と流れる電流を求める

例題　20Ωと5Ωの電熱線を並列につないだ。

(1) 図の回路で，電源の電圧を6Vにすると，a点を流れる電流は何Aか。

(2) このときの回路全体の抵抗は何Ωか。

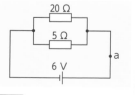

解答と解説

(1) 並列回路では，**各抵抗に加わる電圧は電源の電圧と等しい**から，

20Ωの電熱線を流れる電流は，

$I = \dfrac{V}{R} = \dfrac{6\,V}{20\,Ω} = 0.3\,A$

同様に，5Ωの電熱線を流れる電流は，$I = \dfrac{6\,V}{5\,Ω} = 1.2\,A$　よって，

a点を流れる電流は，

$0.3\,A + 1.2\,A = 1.5\,A$

> 1つの抵抗として考える！

(2) 回路全体の抵抗を右のように考えると，

$R = \dfrac{V}{I} = \dfrac{6\,V}{1.5\,A} = 4\,Ω$

ポイント

並列回路の全体の抵抗は，各抵抗より小さいことを確認。

入試ナビ 直列回路の全体の抵抗…直列回路では各抵抗の和が全体の抵抗になるので、いくつかの抵抗も1つの抵抗として考える。

☑ **直列回路の電熱線に加わる電圧を求める**

例題

10Ωの電熱線と20Ωの電熱線を直列につなぎ、30Vの電源につないだ。このとき10Ωの電熱線に加わる電圧は何Vか。

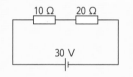

解答と解説

直列回路では、全体の抵抗は各電熱線の抵抗の和に等しいから、

$10\ \Omega + 20\ \Omega = 30\ \Omega$ よって、回路に流れる電流は、$\dfrac{30\ \text{V}}{30\ \Omega} = 1\ \text{A}$ よって、10Ωの電熱線に加わる電圧は、$10\ \Omega \times 1\ \text{A} = \textbf{10 V}$

ポイント

直列回路では、電熱線に加わる電圧は各電熱線の抵抗に比例する。

☑ **並列回路の電熱線に流れる電流を求める**

例題

30Ωの電熱線と20Ωの電熱線を並列につないで電圧を加えたところ、電流計は0.5Aを示した。このとき30Ωの電熱線に流れる電流は何Aか。

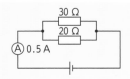

解答と解説

全体の抵抗の大きさをRとすると、

$\dfrac{1}{R} = \dfrac{1}{30\ \Omega} + \dfrac{1}{20\ \Omega} = \dfrac{2+3}{60\ \Omega} = \dfrac{1}{12\ \Omega}$

より、12Ω よって、電源の電圧は、

$12\ \Omega \times 0.5\ \text{A} = 6\ \text{V}$

30Ωの電熱線に流れる電流は、

$\dfrac{6\ \text{V}}{30\ \Omega} = \textbf{0.2 A}$

ポイント

並列回路では、抵抗が大きいほど流れる電流は小さい。

電気の世界

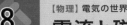
8

【物理】電気の世界

電流と磁界

☑ **磁石のまわりの磁界**

(1)**磁力**…磁石によってはたらく力。

(2)**磁界**（磁場）…磁力のはたらく空間。

◎ 磁界の向き…磁針の**N極**の指す向き。

(3)**磁力線**…磁界のようすを表す曲線。
間隔がせまいところほど磁界が**強い**。
└─磁石の極の近く

【磁石のまわりの磁界】

磁界の向き
N極の指す向き
磁力線　方位磁針
N極
磁石

☑ **電流による磁界**

(1)**電流（導線）のまわりの磁界**…電流
（導線）を中心に**同心円状**にできる。
電流が大きい**ほど，また，導線に**近い
ほど磁界は**強くなる。電流の向きを逆**
にすると，**磁界の向きも**逆になる。

【導線のまわりの磁界】
右ねじの進む向き｜右ねじの回る向き
電流の向き　磁界の向き

【コイルの内側の磁界】
4本の指を電流の向きににぎる
磁界の向き
親指の向き

(2)**コイルの内側の磁界**…右手の4本の指
を電流の向きににぎると，**親指の向きが磁界の向き**になる。**電**
流が大きいほど，コイルの巻数が多いほど磁界は強くなる。

注意 コイルの内側と外側で磁界の向きは逆になっている。

☑ **電流が磁界から受ける力**

(1)**電流が磁界から受ける力**…**電流を**大きく
したり，**磁界を**強く**したりすると力は大**
きくなる。また，**電流の向きか磁界の向**
きの一方を逆にすると力の向きも逆にな
る。

【電流が磁界から
受ける力の向き】
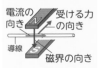
電流の向き　受ける力の向き
導線
磁界の向き

- -

実戦問題 **解説** ② 電流が磁界から受ける力の向きは，電流の向きか磁界の向きのどちらか一方を逆 ＜
にすると逆になり，両方とも逆にすると変化しない。

☑ 電磁誘導

(1)**電磁誘導**…コイルの中の**磁界**が変化すると，**コイルに電圧が生じる**現象。電磁誘導によって流れる**誘導電流**は，**磁界の変化が大きい**ほど，コイルの**巻数が多い**ほど，磁石の**磁界が強い**ほど**大きくなる**。磁石の極や動かす向きを逆にすると，電流の向きは**逆**になる。

【電磁誘導】

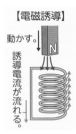

動かす。

誘導電流が流れる。

電気の世界

☑ 直流と交流

(1)**直流**…**一定の向き**に流れる電流。
(2)**交流**…流れる**向きが周期的に変わる**電流。
(3)**周波数**…交流の電流の変化が**1秒間**にくり返す回数。単位は**ヘルツ**（記号 Hz）。

【直流と交流のグラフ】

| 直流 | 電流 | 時間 |
| 交流 | 電流 | 時間 |

入試に出る　実戦問題 ＞ 電流が磁界から受ける力の向き　※解説は左のページ

導線に図の＋から－の向きに電流を流すと，導線は**ア**の向きに動いた。

☑ ①磁石による磁界の向きは，a，bのどちらか。　　　　　　　　[**b**]

☑ ②流す電流の向きを逆向きにすると，導線は**ア**，**イ**のどちらの向きに動くか。
　　　　　　　　　　　　　　　[**イ**]

＋
－
導線
S
ア　イ
a b
N

静電気と電流

☑ 静電気

(1) 静電気（摩擦電気）…種類の異なる物質どうしを摩擦したときに生じる電気。
　◎ 帯電…物体が静電気を帯びること。

(2) 静電気の発生…ストローとティッシュペーパーを摩擦すると，ティッシュペーパーの － の電気（電子）がストローに移動して，発生する。

(3) 電気の性質
　◎ ＋ と － がある。
　◎ 同じ種類の電気はしりぞけ合い，異なる種類の電気は引き合う。

【静電気が発生するしくみ】

摩擦する。　移動する。

ストロー　ティッシュペーパー

－の電気　＋の電気
を帯びる。を帯びる。

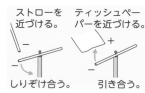

ストローを近づける。　ティッシュペーパーを近づける。

しりぞけ合う。　引き合う。

☑ 放電

(1) 放電…物体にたまっていた電気が流れ出したり，**電気が空間を移動したりする現象。**　参考 雷も放電の１つである。

(2) 真空放電…気圧を小さくした空間中を電流が流れる現象。
　　　　　　　P.108

(3) 静電気と放電の例… － に帯電した下じきから電子が蛍光灯に移動して電流が流れ，蛍光灯が光る。

　注意 下じきにたまった静電気はわずかなので，蛍光灯は一瞬だけ光る。

蛍光灯　ティッシュペーパーで摩擦する。

下じき

実戦問題

解説　Bが仮に ＋ の電気を帯びているとすると，Aは －，Cは ＋ の電気を帯びていることになる。Aが － の電気を帯びているとき，摩擦した布は ＋ の電気を帯びている。

≪≪

28

入試ナビ	電気の性質…同じ電気どうし（＋と＋，－と－）はしりぞけ合い，異なる電気どうし（＋と－）は引き合う。

☑ 陰極線と電子

(1)**電子**… － の電気をもつ非常に小さな粒子。

◎ － 極から出る。

◎質量をもつ。

(2)**陰極線**（**電子線**）… － の電気をもつ粒子（電子）の流れ。電圧を加えた電極板の間を通ると，**＋ 極に引き寄せられて曲がり**，磁石を近づけると曲がる。

【陰極線（電子線）の性質】
・直進する。

陰極線
－極   ＋極

・電圧を加えた陰極板の間を通ると＋極側に曲がる。

＋極
－極   ＋極
－極

☑ 導線の中の電子の移動

(1)**電流の正体**… － 極から ＋ 極の向きに移動する**電子の流れ**。

(2)**電流の向き**… 電子が移動する向きとは逆向きと決められている。
＿＿＋極から－極＿＿

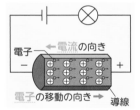

電子 → ← 電流の向き

－   ＋

電子の移動の向き →   導線

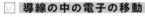

入試に**出る** **実戦問題** ＞静電気による力

※解説は左のページ

発泡ポリスチレンの小球 A，B，C をそれぞれ異なる布で摩擦し，糸でつるしたところ，図のようになった。

☑ A の小球を摩擦した布と同じ種類の電気を帯びているのはどの小球か。A〜C の中からすべて選べ。

[B，C]

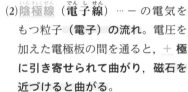

A B

B   C

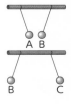

10 [物理] 運動とエネルギー
物体の運動

☑ **速さ**

(1)**速さ**…一定時間に物体が動く距離(きょり)。

$$速さ〔m/s〕 = \frac{物体が移動した距離〔m〕}{移動するのにかかった時間〔s〕}$$

(2)**平均(へいきん)の速さ**…ある区間を一定の速さで移動したと考えたときの速さ。

(3)**瞬間(しゅんかん)の速さ**…ごく短い時間に移動した距離から求めた速さ。
　　└─ 自動車のスピードメーターなど。

☑ **速さが変わる運動**

(1)**斜面(しゃめん)上の物体にはたらく力**…斜面上の物体には，**重力**と**垂直抗(すいちょくこう)力**がはたらいている。重力は，**斜面に平行**な下向きの**分力**と**斜面に垂直な分力**に分けられる。

(2)**斜面を下る運動**…斜面上の物体には，斜面に平行な**下向き**の分力がはたらき続けるので，速さは**一定の割合**でしだいに**大き**くなる。

　　◎**斜面の傾き(かたむき)を大きくする**…斜面に平行な下向きの分力が大きくなるので，速さのふえ方の割合が**大きく**なる。

　　◎**自由落下(じゆうらっか)**…斜面の傾きが **90°** のときの運動。

【斜面上の物体にはたらく力】

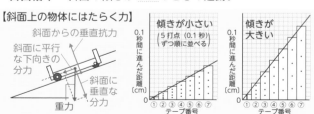

斜面からの垂直抗力
斜面に平行な下向きの分力
斜面に垂直な分力
重力

傾きが小さい
（5打点 (0.1秒) ずつ順に並べる）
0.1秒間に進んだ距離〔cm〕
テープ番号 ① ② ③ ④ ⑤ ⑥ ⑦

傾きが大きい
0.1秒間に進んだ距離〔cm〕
テープ番号 ① ② ③ ④ ⑤ ⑥ ⑦

実戦問題
解説

① CD 間は 6 打点なので，$\frac{1}{60}$ s × 6 = 0.1 s より，0.1 秒間に 12.2 cm − 5.4 cm = 6.8 cm 動いている。よって，6.8 cm ÷ 0.1 s = 68 cm/s

② 打点の間隔がしだいに広がっているので，速さは速くなっている。

入試ナビ　斜面上の物体…斜面上の物体には，重力の斜面に平行な下向きの分力がはたらき続ける。

⑶ **斜面を上る運動**…運動の向きと逆向きに重力の斜面に平行な分力がはたらくので，速さはしだいに**小さくなり**静止する。

等速直線運動

⑴ **等速直線運動**（とうそくちょくせんうんどう）…物体に力がはたらいていないか，はたらいていてもつり合っているとき，物体が**一定の速さ**で，一直線上を進む運動。
└ 合力が0になる。

【時間と速さの関係】【時間と移動距離の関係】

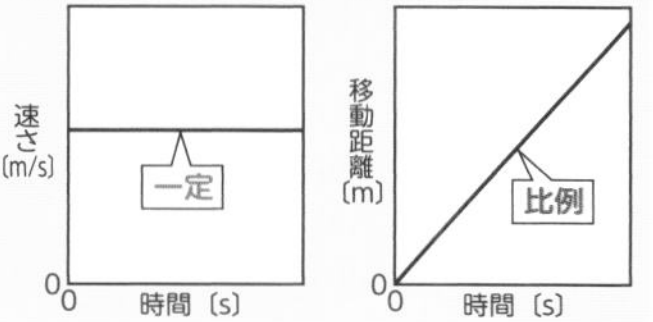

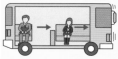

速さ〔m/s〕
一定
0
0
時間〔s〕
移動距離〔m〕
比例
0
0
時間〔s〕

慣性

⑴ **慣性**（かんせい）…物体がもつ，**それまでの運動を続けようとする性質**。静止している物体は静止を続け，運動している物体は等速直線運動を続ける。これを，慣性**の法則**という。
└ 物体に力がはたらいていないときや，力がつり合っているとき

【バスが止まるとき】

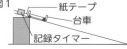

乗客は運動を続けようとする。

入試に出る　実戦問題 ＞ **斜面を下る運動**　※解説は左のページ

図1のように斜面を下る台車の動きを1秒間に60打点する記録タイマーで記録すると，図2のようになった。

図1

紙テープ
台車
記録タイマー

① CD間の台車の平均の速さは何cm/sか。

図2

A
B
C
D
0 cm
1.4 cm
5.4 cm
12.2 cm

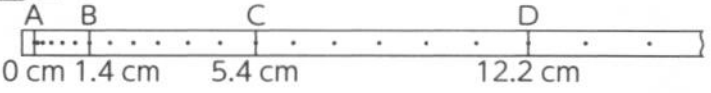

［ 68 cm/s ］

② 打点AからDの間で，台車の速さはどのように変わっているか。

［ 速くなっている。 ］

II エネルギーと仕事

☑ エネルギー

(1) **エネルギー** … ほかの物体を動かしたり，変形させたりできる物体は，**エネルギー**をもっているという。

(2) 運動エネルギー … **運動している物体**がもっているエネルギー。

◎ **速さが速い**ほど，**質量が大きい**ほど，物体のもつ運動エネルギーは**大きい**。

【運動エネルギーと速さ・質量】

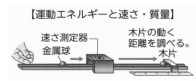

速さ測定器
金属球

木片の動く距離を調べる。
木片

(3) 位置エネルギー

… **高いところにある物体**がもっているエネルギー。

◎ **高さが高い**ほど，**質量が大きい**ほど，物体のもつ位置エネルギーは**大きい**。

【位置エネルギーと高さ・質量】

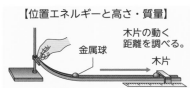

金属球

木片の動く距離を調べる。
木片

(4) **力学的エネルギー** … **運動エネルギーと位置エネルギー**の和。

◎ 力学的エネルギー保存の法則 … 運動エネルギーや位置エネルギーがたがいに移り変わっても，**力学的エネルギーはいつも一定**に保たれる。

注意 力学的エネルギーが保存されるのは，空気の抵抗や摩擦力がはたらかないという条件が満たされたときだけである。

実戦問題 解説
①動滑車を使うと，力の大きさは半分ですむ。120 N ÷ 2 = 60 N
②動滑車を使うと，ひもを引く距離は 2 倍になる。60 N ×(2.4 m × 2) = 288 J

☑ 仕事

(1) **仕事**…物体に力を加えて，力の向きに物体が動いたとき，**力は物体に仕事**をしたという。単位は**ジュール**（記号 J）。

仕事〔J〕=力の大きさ〔N〕×力の向きに動かした距離〔m〕

(2) **仕事率**…一定時間にした仕事。単位は**ワット**（記号 W）。
（1 秒間）

$$仕事率〔W〕=\frac{仕事の大きさ〔J〕}{仕事にかかった時間〔s〕}$$

(3) **仕事の原理**…道具を使っても仕事の大きさは**変わらない**。

（100 g の物体にはたらく重力の大きさを 1 N とする。）

【手で持ち上げた場合】
500 g　1 m
仕事 **5 N × 1 m** =5 J

【定滑車を使った場合】
定滑車　1 m
500 g　1 m
5 N × 1 m =5 J

【動滑車を使った場合】
※滑車やひもの質量や摩擦は無視できる。
定滑車
動滑車　2 m
500 g　1 m
2.5 N × 2 m =5 J

運動とエネルギー

入試に出る　実戦問題 > 仕事　※解説は左のページ

Ａさんが，質量や摩擦の無視できる滑車やひもを用いて，物体を持ち上げた。

☑ ① ひもを何 N の力で引いたか。100 g の物体にはたらく重力の大きさを 1 N とする。

［　**60 N**　］

☑ ② Ａさんがした仕事は何 J か。　［　**288 J**　］

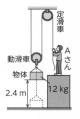

定滑車
動滑車
Ａさん
物体
2.4 m
12 kg

エネルギーとその移り変わり

☑ いろいろなエネルギー

(1) **電気エネルギー**…モーターに電流を流すと，モーターは回るので，**電気はエネルギーをもつ**。

(2) **熱エネルギー**…水を熱して発生した水蒸気によって，ものを動かすことができるので，**熱はエネルギーをもつ**。

(3) **化学エネルギー**…**化学変化**を利用して，ものを動かすことができるので，エネルギーを**もつ**。

(4) **光エネルギー**…**光電池**に光を当てると，モーターが回るので，**光はエネルギーをもつ**。

(5) **音エネルギー**…音によってものを振動させることができるので，**音はエネルギーをもつ**。

(6) **弾性エネルギー**…のびたゴムはものを動かすことができるので，**変形した物体はエネルギーをもつ**。

(7) **核エネルギー**…**原子核**が**核分裂**するときの**エネルギー**を利用
──P.59
して発電しているため，エネルギーをもつ。

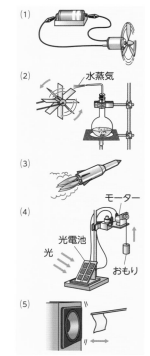

(1)

(2) 水蒸気

(3)

(4) モーター
光電池
光
おもり

(5)

実戦問題 [解説] 手回し発電機は運動エネルギーを電気エネルギーに，光電池は光エネルギーを電気エネルギーに変える。

<table>
<tr><td>入試
ナビ</td><td>エネルギーの移り変わり…エネルギーが移り変わるとき，目的外のエネルギー（熱や音など）も発生する。</td><td>★★★★
★★★★</td></tr>
</table>

☑ エネルギーの移り変わり

(1)**エネルギーの移り変わり**
…いろいろなエネルギーは，たがいに移り変わる。

(2)**エネルギー保存の法則**
…エネルギーが移り変わっても，常に総量は変わらない。

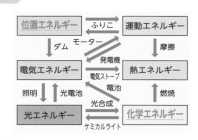

☑ エネルギーの利用と効率

(1)**変換されたエネルギーのゆくえ**…エネルギーが移り変わるとき，目的とするエネルギー以外に，熱や音などのエネルギーが発生する。

> **注意** 目的とするエネルギー以外のエネルギーもふくめて，エネルギーは保存される。

(2)**エネルギーの変換効率**…投入したエネルギーに対する，目的とするエネルギーの割合。

入試に出る 実戦問題 > エネルギーの移り変わり

※解説は左のページ

図は，エネルギーの移り変わりを表している。

☑ ①～③にあてはまるエネルギーの種類を答えよ。

① [運動エネルギー]　② [電気エネルギー]　③ [光エネルギー]

13

エネルギー資源，熱の伝わり方

2年 **3年**

☑ 発電の方法とエネルギー資源

(1) **水力発電**…ダムにためた水を落下させ，水車を回して発電する。

(2) **火力発電**…化石燃料を燃焼させて発生した水蒸気などで，タービンを回して発電する。

(3) **原子力発電**…核分裂で発生した熱で水蒸気をつくり，タービンを回して発電する。

◎ **放射線**…ウランなどの核燃料から発生する。α線，β線，γ線，X線，中性子線など。透過性や電離作用などがあり，医療などに活用されている。

注意 放射線の単位

◎ **シーベルト (Sv)**…放射線が人体に与える影響を表す。

◎ **ベクレル (Bq)**…放射性物質の放射能の強さを表す。

(4) **再生可能なエネルギー**…資源が枯渇せず，**くり返し利用できるエネルギー。**
　　　└ 太陽光，風力，地熱，バイオマスなど。

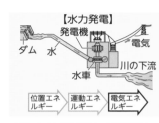

【水力発電】

位置エネルギー → 運動エネルギー → 電気エネルギー

【火力発電】

化学エネルギー → 熱エネルギー → 運動エネルギー → 電気エネルギー

【原子力発電】

核エネルギー → 熱エネルギー → 運動エネルギー → 電気エネルギー

実戦問題 **解説** ① 石油，石炭，天然ガスなどの化石燃料を燃やしてタービンを回す発電方法を火力発電という。　② 化石燃料とちがい，なくなることがないエネルギーのこと。

☑ 熱の伝わり方

(1) **伝導（熱伝導）**…高温の部分から低温の部分に熱が移動する。
　　　　　　　　　　└接している。
(2) **対流**…あたためられた気体や液体が移動して全体に熱が伝わる。
(3) **放射（熱放射）**…熱源が出す光や**赤外線**によって熱が伝わる。

(1)伝導　　金属の棒

(2)対流　　水

(3)放射　太陽の光　あたたかい。

運動とエネルギー

☑ 科学技術の発展

(1) **科学技術の進歩**…インターネットの普及，AI（人工知能）など。
　　　　　　　　└便利になって生活が豊かになった。
　◎**新素材**…炭素繊維，機能性高分子，形状記憶合金など。
(2) **持続可能な社会**…自然環境を保全しながら，便利で豊かな生活
　を継続できる社会。
　◎**循環型社会**…資源の消費を減らし，廃棄物を出さずにくり返
　し使用する社会。
　　　　　　　　　　└3Rやゼロ・エミッションなどのとり組みがある。

入試に 出る **実戦問題** ＞ 発電の方法　　　　　　　※解説は左のページ

次の問いに答えなさい。

☑ ① 化石燃料を燃やして発電する方法を何というか。

[　火力発電　]

☑ ② 再生可能なエネルギーを，**ア**〜**オ**からすべて選べ。

　　ア 火力　　　**イ** 地熱　　　**ウ** 原子力

　　エ 風力　　　**オ** 太陽光　　　　　　[　イ，エ，オ　]

14 【化学】身の回りの物質
いろいろな物質とその性質

☑ 有機物と無機物

(1) **有機物**…**炭素**をふくむ物質。

加熱すると**二酸化炭素**と**水**が発生する。
<small>物質が水素をふくんでいるときに発生する。</small>

(2) **無機物**…**有機物**以外の物質。

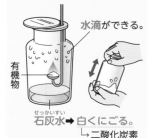

【有機物を燃やしたときのようす】

水滴ができる。

有機物

石灰水 ➡ 白くにごる。
└ 二酸化炭素

有機物	無機物
砂糖，ろう，エタノール，プラスチック，デンプンなど	食塩，ガラス，酸素，水，アルミニウム，鉄，銀など

注意 炭素そのものや二酸化炭素は無機物に分類される。

☑ 金属と非金属

(1) **金属の性質**
<small>無機物</small>

◎ 電流が流れやすい。
<small>電気伝導性</small>

◎ 熱を伝えやすい（**熱伝導性**）。

◎ みがくと光る（**金属光沢**）。

◎ たたくとうすく広がる（**展性**）。

◎ 引っ張るとのびる（**延性**）。

(2) **非金属**…金属以外の物質。 **例** ガラス，プラスチック

【金属の性質】

みがくと光る。

電気が流れやすい。

たたくと広がる。

熱を伝えやすい。

実戦問題 **解説** ① 56.0 cm³ − 50.0 cm³ = 6.0 cm³ ② この物質の密度は，53.8 g ÷ 6.0 cm³ = 8.96… g/cm³ なので，表より，銅と考えられる。 ③ 体積＝質量÷密度 より，質量が同じとき，密度が小さい物質の方が体積が大きいことがわかる。

★
★
★
★

入試ナビ　密度の公式を忘れたときは…密度の単位に注目！
密度の単位 g/cm³ は，質量〔g〕÷体積〔cm³〕を表す。

☑ **物質の密度**

(1) **密度**…物質 1 cm³ あたりの**質量**。

(2) **密度の求め方**…　$$密度〔g/cm^3〕= \frac{質量〔g〕}{体積〔cm^3〕}$$

参考 式の変形 → 質量＝密度×体積，体積＝$\frac{質量}{密度}$

(3) **物質の種類と密度**

◎同じ温度では，**物質の種類が同じ**ならば，**密度**は同じになる。

◎密度は**物質を区別する手がかり**となる。

(4) **密度とものの浮き沈み**

液体の密度 ＜ 物体の密度…物体は沈む。

液体の密度 ＞ 物体の密度…物体は浮く。

入試に出る 実戦問題 ＞ **物質の密度**　　　　　　　　　　　　　　※解説は左のページ

メスシリンダーに入れた 50 cm³ の水の中に物質 A を入れたところ，物質 A は沈み，水面は図のようになった。

☑ ①物質 A の体積は何 cm³ か。

〔　6.0 cm³　〕

60

50

☑ ②物質 A の質量は 53.8 g であった。表から，この物質は何であると考えられるか。

物質	鉄	銅	アルミニウム
密度〔g/cm³〕	7.87	8.96	2.70

〔　銅　〕

☑ ③質量がそれぞれ 200 g の鉄，銅，アルミニウムのうち，最も体積が大きいものはどれか。　〔　アルミニウム　〕

[化学] 身の回りの物質

気体の性質

☑ 気体の発生方法

気体	おもな発生方法
酸素	・二酸化マンガン＋うすい過酸化水素水 (オキシドール)
二酸化炭素	・石灰石＋うすい塩酸
水素	・鉄 (亜鉛) ＋うすい塩酸 (硫酸)
アンモニア	・アンモニア水の加熱 ・塩化アンモニウム＋水酸化カルシウムの混合物の加熱

☑ おもな気体の性質

気体	におい	空気と比べた密度	水に対するとけ方
酸素	ない	少し大きい	とけにくい。
二酸化炭素	ない	大きい	少しとける。
水素	ない	非常に小さい	とけにくい。
アンモニア	刺激臭	小さい	非常にとけやすい。

◎その他の性質

(1)酸素…ほかのものを燃やす (助燃性)。

(2)二酸化炭素…石灰水を白くにごらせる。水溶液は酸性。

(3)水素…燃える (可燃性)。空気中で燃えると水ができる。

(4)アンモニア…水溶液はアルカリ性を示す。

実戦問題 解説 ① 酸素は,二酸化マンガンにうすい過酸化水素水(オキシドール)を加えると発生する。
② 酸素は水にとけにくいので,水上置換法で集める。

☑ その他の気体

(1) **窒素**…空気の体積の約 **78%** を占める。無臭で，水にとけ**にくい**。

(2) **塩素**…黄緑色で**刺激臭**がある。水にとけ**やすい**。

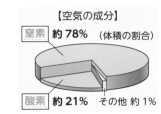

【空気の成分】

窒素 **約78%** （体積の割合）

酸素 **約21%** その他 約1%

身の回りの物質

☑ 気体の集め方

(1) **気体の集め方**…水にとけ**にくい**気体は**水上置換法**，水にとけやすく空気より密度が**小さい**気体は**上方置換法**，水にとけやすく空気より密度が**大きい**気体は**下方置換法**で集める。
└─ 空気より軽い。   └─ 空気より重い。

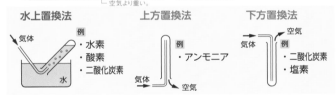

水上置換法

気体

例
・水素
・酸素
・二酸化炭素

水

上方置換法

例
・アンモニア

気体 → 空気

下方置換法

気体 → 空気

例
・二酸化炭素
・塩素

入試に出る 実戦問題 ＞酸素の性質

※解説は左のページ

図のような装置で，酸素を発生させた。

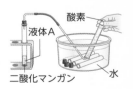

酸素
液体A
二酸化マンガン
水

☑ ① 液体Aとして適切なものを次の**ア**〜**ウ**から選べ。　　［　**ア**　］

ア うすい過酸化水素水

イ うすい塩酸　　**ウ** 蒸留水

☑ ② 酸素を図のようにして集められるのは，酸素にどのような性質があるからか。　　　［　**水にとけにくい性質**　］

16

水溶液の性質

☑ 水溶液

(1) **溶液**…ある液体にほかの物質がとけたもの。
　　└ 溶媒が水の場合を水溶液という。

(2) **溶質**…溶液にとけている物質。

(3) **溶媒**…溶質をとかしている液体。

(4) **水溶液の性質**
　◎ 溶液中に溶質が**均一**に散らばる。
　　　　　　　　　└ 濃さはどの部分も同じ。
　◎ **透明**である。
　　　└ 色のついたものもある。

(5) **質量パーセント濃度**…溶液の**濃**さ。

【水溶液】
溶質（食塩）＋溶媒（水）＝水溶液（食塩水）

溶質の質量＋溶媒の質量＝溶液の質量

【水溶液のモデル】
溶質の粒子が均一に散らばる。

$$質量パーセント濃度〔\%〕＝\frac{溶質の質量〔g〕}{溶液の質量〔g〕}×100$$

☑ 溶解度

(1) **溶解度**…一定量の水にとかすことができる物質の限度の量。
　　└ グラフに表したものが溶解度曲線。

(2) **飽和水溶液**…物質が**溶解度**までとけている水溶液。
　　　　　　　　└ 物質はそれ以上とけない。

(3) **再結晶**…固体をいったん水などにとかしたあと、再び**結晶**としてとり出すこと。
　　　　　　　└ 純粋な物質

(4) **ろ過のしかた**…ろうとのあしの**とがった方**をビーカーの壁につける。

【ろ過のしかた】
液は**ガラス棒**を伝わらせる。
ろ紙　ろ液

実戦問題 【解説】
① グラフより，40℃のときの硝酸カリウムの溶解度は64 g，10℃のときは22 g。
よって，64 g－22 g＝42 g
② 64 g÷（64 g＋100 g）×100＝39.02… より，39.0%

42

入試ナビ ★★★☆
溶解度…水の質量は 100 g であることに注意！
100 g 以外の水にとかす場合も，100 g の場合をもとに考える。

☑ 再結晶の方法

(1) **水溶液を冷やす**…温度が低くなると，とけきれなくなった物質が**結晶**として出てくる。

例 硝酸カリウム，ミョウバン

(2) **水を蒸発させる**…水溶液を加熱するなどして**水を蒸発させる**と，物質が**結晶**として出てくる。

例 塩化ナトリウム

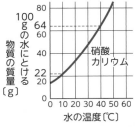

【溶解度と再結晶】

硝酸カリウム

塩化ナトリウム

冷やす

温度が変わっても溶解度はあまり変わらない。
↓
水を蒸発させると，結晶として出てくる。

結晶として出てくる。

100 gの水にとける物質の質量〔g〕

水の温度〔℃〕

注意 温度による溶解度の差が小さい物質は，水を蒸発させて再結晶させる。

入試に出る 実戦問題 > 溶解度

※解説は左のページ

グラフは，硝酸カリウムの溶解度を表している。

☑ ① 40 ℃，100 g の水に硝酸カリウムをとかして飽和水溶液をつくった。10 ℃まで冷やすと，およそ何 g の結晶が出てくるか。

[**42** g]

☑ ② 硝酸カリウムの 40 ℃ での飽和水溶液の質量パーセント濃度を小数第 1 位まで求めよ。

[**39.0** %]

100 gの水にとける物質の質量〔g〕

硝酸カリウム

水の温度〔℃〕

17

【化学】身の回りの物質

状態変化

☑ 状態変化

(1) **状態変化**…温度変化
などにより，物質の状
態が **固体↔液体↔気
体** と変化すること。

◎物質そのものは**変化
しない**。

(2) **状態変化と体積**

…固体→液体→気体 と

変化するにつれ，**体積は増加**する。

注意 水は例外で，固体→液体 と変化するとき体積は減少する。

(3) **状態変化と質量**…状態変化しても，物質の**質量**は**変化しない**。

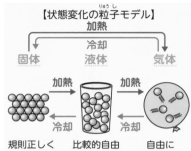

【状態変化の粒子モデル】

加熱 / 冷却

固体 → 液体 → 気体

固体：規則正しく並ぶ。
液体：比較的自由に動く。
気体：自由に動き回る。

☑ 状態変化するときの温度

(1) **沸点**…液体が沸騰して
気体に変化するときの
温度。

(2) **融点**…固体がとけて**液
体**に変化するときの温度。

(3) **純粋な物質の沸点・融
点**…物質により**一定**。
—— 1種類の物質でできている。

(4) **混合物の沸点・融点**…一定の温度に**ならない**。
—— 複数の物質が混ざり合っている。

【純粋な物質の沸点・融点と状態変化】

温度〔℃〕

沸点 —— 沸騰中 → 液体＋気体
固体＋液体 —— 液体
融点
固体
気体

加熱時間〔分〕

実戦問題 解説 ① 沸点の低い物質の方が先に出てくるが，水もふくんでいることに注意する。
② 沸点の低いエタノールをふくむ割合が大きい試験管Aの液体が最もよく燃える。

☑ **蒸留**

(1) **蒸留**…液体を**沸騰させて気体**にし，それを**冷やして再び液体**にしてとり出す方法。

(2) **混合物の蒸留**…**沸点**の差を利用してそれぞれの物質を**分離**することができる。

　◎ 先に**沸点**の**低い**物質が出てくる。

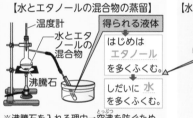

【水とエタノールの混合物の蒸留】

温度計
水とエタノールの混合物
沸騰石

得られる液体
　はじめは**エタノール**を多くふくむ。
　しだいに**水**を多くふくむ。

※沸騰石を入れる理由→突沸を防ぐため。

【水とエタノールの混合物の温度変化】

水より**沸点**の低いエタノールが先に多く出る。

温度〔℃〕
100
80
0

沸騰が始まる。

加熱時間〔分〕

身の回りの物質

入試に出る　実戦問題 ＞ 混合物の加熱　　　※解説は左のページ

　図のように水とエタノールの混合物を加熱し，出てくる液体を試験管A，B，Cの順に1 cm³ ずつ集めた。

水とエタノールの混合物
試験管B
試験管C
水
試験管A

☑ ① 試験管Aにたまった液体は次のア〜ウのどれか。　　［　**ウ**　］

　　ア　エタノール　　**イ**　水　　**ウ**　エタノールと水

☑ ② 試験管A〜Cの液体を脱脂綿につけ，火をつけたときにいちばんよく燃えるのは，A〜Cのどの試験管の液体か。

［　**A**　］

実験器具の使い方, 試薬, 操作の注意点

☑ ガスバーナーの使い方

◎ **火のつけ方**

① ねじがしまっていることを確認。

② ガスの**元栓**を開く。
   └ コックがある場合は元栓の次に開く。

③ マッチの火を**ななめ下**から筒の口に近づけ, **ガス**調節ねじを開きながら点火。

④ **ガス**調節ねじで炎の**大きさ**を, 空気調節ねじで炎の**色**を調節。

空気調節ねじ

開く

ガス調節ねじ

◎ **火の消し方** … **空気**調節ねじ→**ガス**調節ねじ→**元栓**の順に閉める。
   └ コックを閉めてから。

☑ メスシリンダーの目盛りの読み方

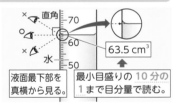

63.5 cm³

液面最下部を真横から見る。

最小目盛りの **10 分の 1** まで目分量で読む。

☑ 気体のにおいのかぎ方

保護眼鏡をする。

手であおいでにおいをかぐ。

☑ 検出に利用される試薬

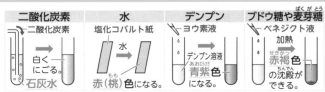

二酸化炭素	水	デンプン	ブドウ糖や麦芽糖
二酸化炭素 / 白くにごる。 / 石灰水	塩化コバルト紙 / 水 / **赤(桃)色**になる。	ヨウ素液 / デンプン溶液 / **青紫色**になる。	ベネジクト液 / 加熱 / **赤褐色**の沈殿ができる。

入試ナビ 実験器具の使い方や，加熱や蒸留などそれぞれの実験を行う
ときの注意点，試薬の特徴などにも注意しよう。

☑ 酸性・中性・アルカリ性を調べる試薬

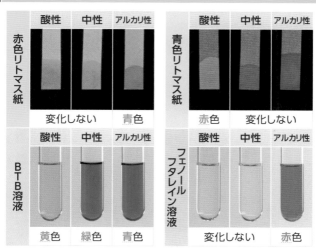

赤色リトマス紙	酸性	中性	アルカリ性
	変化しない		青色

青色リトマス紙	酸性	中性	アルカリ性
	赤色	変化しない	

BTB溶液	酸性	中性	アルカリ性
	黄色	緑色	青色

フェノールフタレイン溶液	酸性	中性	アルカリ性
	変化しない		赤色

☑ 実験操作の注意点

◎液体が発生する場合

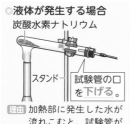

炭酸水素ナトリウム

スタンド

試験管の口を**下げる**。

理由 加熱部に発生した水が流れこむと，試験管が割れることがあるから。

◎蒸留の注意点

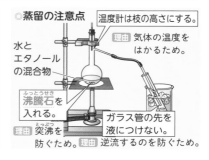

水とエタノールの混合物

温度計は枝の高さにする。

理由 気体の温度をはかるため。

沸騰石を入れる。

理由 突沸を防ぐため。

ガラス管の先を液につけない。

理由 逆流するのを防ぐため。

47

18 物質の分解

☑ 分解

(1) **分解**…1種類の物質がもとの物質とは性質がちがう，**2種類以上の別の物質**に分かれる変化。

◎ **熱分解**…物質を**加熱**して分解すること。

◎ **電気分解**…物質に電流を流して分解すること。

(2) **化学変化（化学反応）**…もとの物質とは**性質がちがう**物質に変わる変化。
  └─ 分解も化学変化の1つ

☑ 炭酸水素ナトリウムの分解

(1) 炭酸水素ナトリウム ⟶ 炭酸ナトリウム＋**二酸化炭素**＋**水**

◎ **炭酸ナトリウム**…白色の粉末。水に**よくとけ**，その水溶液は**強いアルカリ**性を示す。

【炭酸水素ナトリウムの分解】

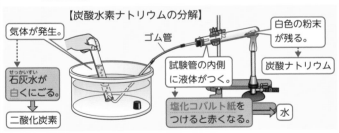

気体が発生。 → **石灰水が白くにごる。** → 二酸化炭素

ゴム管

試験管の内側に液体がつく。 → 塩化コバルト紙をつけると赤くなる。 → 水

白色の粉末が残る。 → 炭酸ナトリウム

☑ 酸化銀の分解

(1) 酸化銀 ⟶ 銀＋**酸素**

◎ **酸化銀**…黒色の粉末。電流を**流さない**。
  └─ 銀の粉末は白色   └─ 銀は電流を流す。

実戦問題 | 解説 | ② 発生した気体は酸素である。酸素にはにおいがなく，ものを燃やすはたらき（助燃性）がある。また，アの石灰水を白くにごらせる性質があるのは二酸化炭素である。

化学変化と原子・分子

☑ 水の電気分解

(1) **水 ⟶ 水素＋酸素**

◎ **陰極**(－極側)…**水素**が発生。

◎ **陽極**(＋極側)…**酸素**が発生。

(2) 発生した気体の体積の比

…水素：酸素 ＝ **2**：**1**

(3) 発生した気体の確認方法

◎ **水素**…マッチの火を近づける。

→ 気体は音を立てて燃える。

◎ **酸素**…火のついた線香を入れる。 → 線香が炎を上げて燃える。

注意 純粋な水は電流が流れにくいため，電流が流れるようにするために水に少量の水酸化ナトリウムをとかす。

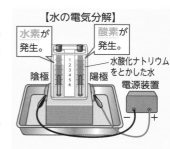

【水の電気分解】

水素が発生。 酸素が発生。 水酸化ナトリウムをとかした水 陰極 陽極 電源装置

入試に出る 実戦問題 ＞ 酸化銀の分解

※解説は左のページ

図のように，酸化銀を加熱して分解した。

☑ ① 試験管Aには白色の物質が残った。これは何か。

[**銀**]

☑ ② 発生した気体の性質として正しいのは**ア**～**ウ**のどれか。

ア 石灰水を白くにごらせる。 **イ** 刺激臭がある。

ウ ものを燃やすはたらきがある。

[**ウ**]

酸化銀 試験管A ゴム管 ガラス管 水

19

[化学] 化学変化と原子・分子

化学変化と原子・分子

1年 **2年** 3年

☑ 原子と分子

(1) **原子**…物質をつくっている，**それ以上分けることのできない最小の粒子。**

(2) **元素**…原子の種類のこと。

(3) **元素記号**…元素をアルファベット1文字か **2** 文字で表した記号。

例 鉄

Fe

活字体の大文字 / 活字体の小文字

【原子の性質】

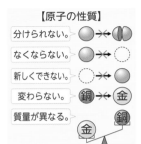

分けられない。 / なくならない。 / 新しくできない。 / 変わらない。 銅→金 / 質量が異なる。 金 銅

(4) **分子**…原子がいくつか結びついてできた，**物質の性質**を示す最小の粒子。

(5) **周期表**…元素を原子番号の順に並べ，元素の性質を整理したもの。**縦**の列に性質の似た元素が並ぶ。

☑ 物質の分類

(1) **物質の分類**

物質 ─┬─ 純粋な物質 ─┬─ **単体** …… 例 水素，銅
　　　　　　　　　　　　└─ 化合物 …… 例 水，酸化銅
　　　└─ 混合物 …… 例 食塩水

(2) **単体**… **1 種類の元素**からできている物質。

(3) **化合物**… **2 種類以上の元素**からできている物質。

(4) 単体，化合物にはそれぞれ，**分子をつくる物質**（水素 H_2，水 H_2O など）と**分子をつくらない物質**（銀 **Ag**，塩化ナトリウム **NaCl** など）がある。

実戦問題 / 解説 ① 矢印の右側の O_2 にそろえるため，左側の酸素原子 **O** が 2 個必要となり，$2H_2O$ となる。右側の水素原子 **H** の数はそれに合わせ 4 個となり $2H_2$ となる。

50

入試ナビ 化学反応式…矢印の両側で，原子の種類や数は同じ！
原子の組み合わせが変わるだけ。

☑ 化学式と化学反応式

(1) **化学式**…**元素記号**や**数字**を使って物質を表したもの。

◎ **分子をつくる物質の化学式**

・モデルを元素記号で表す。
　→同じ元素があればまとめ，個数を右下に小さく書く。

◎ **分子をつくらない物質の化学式**

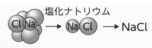

・単体の場合…1種類の原子がたくさん集まってできている。
　→1つを代表させて書く。

・化合物の場合…原子の個数の比が1：1のとき。
　→原子1つずつを代表させて書く。

(2) **化学反応式**…**化学式**を使って化学変化を表したもの。

　例 水の電気分解　$2H_2O \longrightarrow 2H_2 + O_2$

　注意 化学反応式は，矢印の両側で原子の種類と数が同じ。

入試に出る 実戦問題 > 化学式，化学反応式

※解説は左のページ

水を電気分解した。

☑ ① 水の電気分解を化学反応式で書け。

　[$2H_2O \longrightarrow 2H_2 + O_2$]

☑ ② 水分子のモデルを右の図のように表した。水素原子は**A**，**B**のどちらか。

　　　　　[B]

いろいろな化学変化，化学変化と熱

☑ 物質の結びつき

(1) **化合物**…化学変化によって
 2種類以上の物質が結びつ
 いてできた物質。反応前の
 物質とは性質が**ちがう**。

 物質A + 物質B ⟶ 化合物

(2) **鉄と硫黄の結びつき**

 ◎ 鉄＋硫黄 ⟶ **硫化鉄**

 （$Fe + S \longrightarrow FeS$）

【鉄と硫黄の混合物の加熱】

鉄と硫黄の混合物 ⟶ そのまま ⟶ 変化なし

反応後の物質

上部を加熱する。赤くなったら加熱をやめる。

黒色の固体になる。⟶ 硫化鉄

注 加熱をやめても反応時に発生する熱で反応は進む。

	色	磁石につくか	うすい塩酸を加える
鉄	銀白色	つく	水素が発生する
硫黄	黄色	つかない	反応しない
硫化鉄	黒色	つかない	硫化水素が発生する

(3) **銅と硫黄の結びつき**…銅＋硫黄 → **硫化銅**（$Cu + S \longrightarrow CuS$）

☑ 酸化と燃焼

(1) **酸化**…物質が**酸素**と結びつく化学変化。

 ◎ **酸化物**…酸化によってできた物質。

 ◎ 銅の酸化…銅＋酸素 ⟶ 酸化銅（$2Cu + O_2 \longrightarrow 2CuO$）

(2) **燃焼**…激しく**光**や熱を出しながら酸化すること。

 ◎ 水素の燃焼…水素＋酸素 ⟶ **水**（$2H_2 + O_2 \longrightarrow 2H_2O$）

 ◎ 炭素の燃焼…炭素＋酸素 ⟶ 二酸化炭素（$C + O_2 \longrightarrow CO_2$）

実戦問題 | 解説 | 活性炭（炭素）は銅と比べて酸素と結びつきやすいので，酸化銅から酸素をうばって酸化する。このとき，酸化銅は還元される。

入試ナビ 還元は酸化と同時に起こる。還元されるものと酸化されるものに注意する。

★★★
★★★

☑ **還元**

(1) **還元（かんげん）**…酸化物から**酸素**をとり除く化学変化。

> **参考** 還元は酸化と同時に起こる。

◎ **炭素による酸化銅の還元**

$$2CuO + C \longrightarrow 2Cu + CO_2$$

酸化銅　　　　　炭素　　　　　銅　　　二酸化炭素

還元　→
酸化　←

◎ **水素による酸化銅の還元**…酸化銅＋**水素** ⟶ 銅＋水

$$(CuO + H_2 \longrightarrow Cu + H_2O)$$

☑ **化学変化と熱**

(1) **発熱反応（はつねつはんのう）**…化学変化するときに周囲に**熱**を出す反応。
　└─ 温度が上がる。

> **例** 化学かいろ…鉄粉が**酸化**するときの発熱を利用。

(2) **吸熱反応（きゅうねつはんのう）**…化学変化するときに**周囲の熱**をうばう反応。
　└─ 温度が下がる。

> **例** 水酸化バリウムと塩化アンモニウムの反応。

入試に出る3 実戦問題 ＞ 炭素による酸化銅の還元

※解説は左のページ

図のように，酸化銅と活性炭の混合物を加熱した。

酸化銅と活性炭の混合物

☑ ① 酸化された物質は何か，化学式で答えよ。

[**C**]

☑ ② ①で答えた物質が酸化されたのは，還元されてできた物質と比べてどのような性質があるためか。

[**還元されてできた物質に比べ，酸素と結びつきやすい性質**]

化学変化と原子・分子

化学変化と物質の質量

☑ 化学変化の前後での質量

(1) **沈殿ができる反応**…うすい硫酸とうすい水酸化バリウム水溶液を混ぜると,**硫酸バリウム**の**白色**の**沈殿**ができる。

【沈殿ができる反応】

うすい水酸化バリウム水溶液　うすい硫酸　硫酸バリウム

白色の沈殿

質量 | 反応前＝反応後

(2) **気体が発生する反応**…うすい塩酸と炭酸水素ナトリウムを混ぜると,**二酸化炭素**が発生する。

◎ **密閉した容器の場合**…全体の質量は**変化しない**。

◎ **ふたをとる**…空気中に**二酸化炭素**が出ていくため質量は**減る**。

【気体が発生する反応】

うすい塩酸　ふた　炭酸水素ナトリウム

質量 | 反応前＝反応後

(3) **金属の酸化**…銅を空気中で加熱すると**酸化銅**ができる。

◎ **密閉した容器の場合**…反応の前後で全体の**質量**は**変化しない**。

◎ **ピンチコックを開ける**…銅と結びついた**酸素**の分だけフラスコ内に空気が入り,質量は**ふえる**。

【金属の酸化】

ピンチコック

酸素と銅が結びつく。

銅

ガスバーナー

☑ 質量保存の法則

(1) **質量保存の法則**…化学変化の前後で,**物質全体の質量は変わらない**。
　化学変化や状態変化など,物質の変化すべてにあてはまる。

参考 原子の組み合わせは変わるが,数と種類は変わらないため。

実戦問題 **解説** ② 銅と結びついた酸素の質量は,$4.5\,g - 4.0\,g = 0.5\,g$　$0.5\,g$ の酸素と結びつく銅の質量を x とすると,$1.0\,g : (1.25 - 1.0)\,g = x : 0.5\,g$,$x = 2.0\,g$　$4.0\,g - 2.0\,g = 2.0\,g$

> **入試ナビ**　金属と結びついた酸素の質量は，「金属の酸化物の質量－金属の質量」で求める。　★★★★★★

☑ 化学変化と質量の比

(1)化学変化に関係する物質の質量の比…常に**一定**。

(2)金属の酸化における質量比

　　例 銅の酸化における質量比

　　　◎銅：酸素＝**4**：**1**

　　　◎銅：酸化銅＝**4**：**5**

　　例 マグネシウムの酸化における

　　　質量比

　　　◎マグネシウム：酸素＝**3**：**2**

　　　◎マグネシウム：酸化マグネシウム＝**3**：**5**

【金属の質量と結びついた酸素の質量の関係】

原点を通る直線 →比例関係

マグネシウム

銅

縦軸：結びついた酸素の質量〔g〕（0〜1.0）

横軸：金属の質量〔g〕（0〜1.4）

(3)金属の質量と，結びついた酸素の質量をグラフに表すと，**原点を通る直線**になる。　→ **比例関係**

入試に出る 実戦問題 ＞ 金属と酸素が結びつく割合　　※解説は左のページ

空気中で1.0gの銅粉を加熱して，質量をはかることをくり返した結果が右のグラフである。

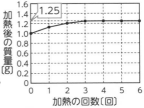

☑ ① グラフで3回目の加熱から質量が変わらなくなっているのはなぜか。

［　**銅がすべて酸化して，反応する銅がなくなったから。**　］

☑ ②銅粉4.0gを空気中で加熱して質量をはかると，4.5gだった。酸素と結びつかなかった銅の質量は何gか。

［　**2.0 g**　］

弱点征服

【化学】化学変化と原子・分子

化学反応式に強くなるコツ！

☑ **元素記号は丸暗記**

下の12個はよく出る。

水素	H	塩素	Cl	ナトリウム	Na
酸素	O	硫黄	S	マグネシウム	Mg
炭素	C	鉄	Fe	バリウム	Ba
窒素	N	銅	Cu	銀	Ag

☑ **気体は分子に！**

◎ほとんどの単体の気体は, 原子が 2 個結びついて分子になっている。

例

水素 H_2 ← H が 2 個あることを示す。

☑ **酸素はあとに, 金属は先に！**

例

水 H_2O ← 1 個の場合, 右下に数字は書かない。
酸素はあと

硫化鉄 FeS
金属が先

☑ **化学反応式は矢印の両側で原子の種類と数が同じ！**

◎化学変化の前後で原子がなくなったり, ふえたりすることはないので, 化学反応式の矢印の両側では原子の種類と数が等しい。

【化学反応式のつくり方】

例 水素と酸素から水ができる反応

$$H_2 + O_2 \longrightarrow H_2O$$
酸素原子2個　　　　　酸素原子1個

左側に反応する物質, 右側にできる物質の化学式を書く。

酸素原子の数を合わせる。⬇

$$H_2 + O_2 \longrightarrow 2H_2O$$
水素原子2個　　　　　水素原子4個

両側の原子の数を, 係数をつけて合わせる。

水素原子の数を合わせる。⬇

完成 $$2H_2 + O_2 \longrightarrow 2H_2O$$
水素原子4個　酸素原子2個　　水素原子4個　酸素原子2個

おもな化学変化と化学反応式

化学変化	化学反応式
①水の電気分解	$2H_2O \longrightarrow 2H_2 + O_2$ 水　　　　　水素　　酸素 酸素原子　水素原子
②酸化銀の熱分解	$2Ag_2O \longrightarrow 4Ag + O_2$ 酸化銀　　　　銀　　酸素
③鉄と硫黄の反応	$Fe + S \longrightarrow FeS$ 鉄　硫黄　　硫化鉄
④銅と硫黄の反応	$Cu + S \longrightarrow CuS$ 銅　硫黄　　硫化銅
⑤炭素と酸素の反応 （炭素の燃焼）	$C + O_2 \longrightarrow CO_2$ 炭素　酸素　　二酸化炭素
⑥銅の酸化	$2Cu + O_2 \longrightarrow 2CuO$ 銅　　酸素　　　酸化銅
⑦マグネシウムの 燃焼	$2Mg + O_2 \longrightarrow 2MgO$ マグネシウム　酸素　　酸化マグネシウム
⑧炭素による酸化 銅の還元	$2CuO + C \longrightarrow 2Cu + CO_2$ 酸化銅　　炭素　　　銅　二酸化炭素
⑨炭酸水素ナトリ ウムの熱分解	$2NaHCO_3 \longrightarrow Na_2CO_3 + CO_2 + H_2O$ 炭酸水素ナトリウム　　炭酸ナトリウム　二酸化炭素　水

水溶液とイオン

☑ 水溶液と電流

(1) **電解質**…水にとかしたとき，**電流が流れる**物質。
└─ 電離する。

(2) **非電解質**…水にとかしても，**電流が流れない**物質。
└─ 電離しない。

☑ 電解質の水溶液の電気分解

(1) **塩化銅水溶液の電気分解**… $CuCl_2 \longrightarrow Cu + Cl_2$
└─銅 └─塩素

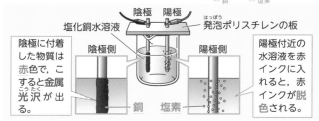

陰極 陽極
塩化銅水溶液 ─── 発泡ポリスチレンの板

陰極に付着した物質は**赤色**で，こすると金属**光沢**が出る。

陰極側 陽極側

陽極付近の水溶液を赤インクに入れると，赤インクが**脱色**される。

銅 塩素

参考 塩化銅水溶液の電気分解のしくみ

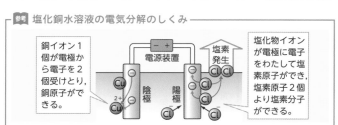

銅イオン1個が電極から電子を2個受けとり，銅原子ができる。

電源装置

塩素発生

陰極 陽極

塩化物イオンが電極に電子をわたして塩素原子ができ，塩素原子2個より塩素分子ができる。

(2) **塩酸の電気分解**… $2HCl \longrightarrow H_2 + Cl_2$

水素…**陰極**から発生。← **塩素**…**陽極**から発生。

実戦問題 **解説** ① 塩酸を電気分解すると，水素と塩素が発生する。マッチの火を近づけると音を出して燃える気体は水素で，陰極から発生する。
② 赤インクの色が消えるのは，塩素がとけているから。塩素は陽極から発生する。

| 入試ナビ | 電解質の水溶液中のイオンの動き…電圧を加えたとき，陽極に引かれるのは陰イオン，陰極に引かれるのは陽イオン。 |

☑ 原子の構造とイオン

(1)**原子の構造**…原子は**原子核（陽子と中性子）**と**電子**からできている。

参考 **同位体**…同じ元素で，中性子の数が異なる原子。

【ヘリウム原子の構造】

- ⊖ 陽子
- 原子核
- 中性子
- 電子

- ⊕ 陽子…＋の電気をもつ。
- ○ 中性子…電気をもたない。
- ⊖ 電子…－の電気をもつ。

(2)**イオン**…原子や原子の集まりが電気を帯びたもの。
- ◎ **陽イオン**…原子が電子を失って，＋ の電気を帯びたもの。
- ◎ **陰イオン**…原子が電子を受けとって，－ の電気を帯びたもの。

(3)**イオンを表す化学式**…元素記号の右肩に＋，－ の符号をつける。

銅イオン Cu^{2+} 電子を2個失った。

塩化物イオン Cl^- 電子を1個受けとった。

(4)**電離**…電解質が，陽イオンと陰イオンに分かれること。
（水にとけたとき）
- ◎ **塩化銅の電離**… $CuCl_2 \longrightarrow Cu^{2+} + 2Cl^-$

化学変化とイオン

| 入試に出る | **実戦問題** > **電気分解** |

※解説は左のページ

図のように，うすい塩酸を電気分解した。

☑ ① マッチの火を近づけるとポッと音を出して燃える気体が発生するのは，陽極，陰極のどちらか。　　　　[　陰極　]

☑ ② 電極付近の水溶液を赤インクで着色した水に滴下すると色が消えるのは，陽極，陰極のどちらか。　　　　[　陽極　]

電源装置

うすい塩酸

陰極　　　陽極

23

電 池

☑ イオンへのなりやすさ

(1) イオンへのなりやすさを確かめる実験

　例 亜鉛板を硫酸銅水溶液に入れると，亜鉛原子が**亜鉛イオン**に，銅イオンが**銅原子**になる。
　　　└─ 亜鉛の方がイオンになりやすい。

【亜鉛と硫酸銅($CuSO_4$)水溶液】

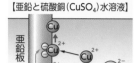

(2) 金属のイオンへのなりやすさ

　マグネシウム > 亜鉛 > 銅

☑ 電池（化学電池）

(1) **電池**…物質の**化学エネルギー**を**電気エネルギー**に変換する装置。

(2) ダニエル電池

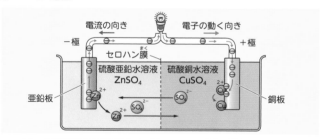

電流の向き　　　　　　電子の動く向き
－極　　　　　　　　　＋極
セロハン膜
硫酸亜鉛水溶液　硫酸銅水溶液
$ZnSO_4$　　　$CuSO_4$
亜鉛板　　　　　　　　　銅板

◎ **－極**…亜鉛原子が電子を **2** 個失って，亜鉛イオンとなって硫酸亜鉛水溶液にとける。

$$Zn \longrightarrow Zn^{2+} + 2e^-$$

◎ **＋極**…銅イオンが電子を **2** 個受けとって銅原子ができる。

$$Cu^{2+} + 2e^- \longrightarrow Cu$$

注意 電池では，イオンになりやすい方の金属が－極になる。

実戦問題 解説
① 亜鉛は銅よりもイオンになりやすいので，電子を 2 個失って亜鉛イオンになる。
② 電子は亜鉛板から銅板へ移動する。③ ②より，亜鉛板が－極になる。

2種類の金属板を使った電池では，イオンになりやすい方の金属が電子を失ってイオンになり，一極となる。

★★★★★

いろいろな電池

(1) **一次電池** … 充電することができない電池。

例 マンガン乾電池，アルカリ乾電池，リチウム電池など。

(2) **二次電池** … 充電することでくり返し使うことができる電池。

例 鉛蓄電池，リチウムイオン電池，ニッケル水素電池など。

(3) **燃料電池** … 水の電気分解と逆の化学変化を利用した電池。

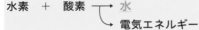

水素　＋　酸素 $\longrightarrow$ 水
　　　　　　　　　$\longrightarrow$ 電気エネルギー

(4) その他の電池

例 果物電池，備長炭電池など。

入試に
出る **実戦問題** ＞ 電池

※解説は左のページ

図はダニエル電池を表したものである。

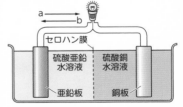

☑ ① 亜鉛板で起こる化学変化を表しているものを，下の**ア**，**イ**から選べ。

ア $Zn^{2+} + 2e^- \longrightarrow Zn$

イ $Zn \longrightarrow Zn^{2+} + 2e^-$

[**イ**]

☑ ② 電子が移動する向きは，a，bのどちらか。

[**a**]

☑ ③ 電池の＋極になるのは，亜鉛板，銅板のどちらか。

[**銅板**]

酸・アルカリとイオン

☑ 酸とアルカリ,pH（ピーエイチ）

(1) 酸(さん)…水溶液にしたとき，電離(でんり)して水素イオン（H^+）を生じる
化合物。　**酸 ⟶ H^+＋陰(いん)イオン**

例 塩化水素…$HCl \longrightarrow H^+ + Cl^-$　硝酸(しょうさん)…$HNO_3 \longrightarrow H^+ + NO_3^-$

(2) **アルカリ**…水溶液にしたとき，電離して水酸化物イオン（OH^-）
を生じる化合物。　**アルカリ ⟶ 陽(よう)イオン＋ OH^-**

例 水酸化ナトリウム…$NaOH \longrightarrow Na^+ + OH^-$

(3) **pH**…酸性，アルカリ性の強さを数値
で表したもの。**7** が**中性**で，**7** より小
さいほど**酸性**が強く，**7** より大きいほ
ど**アルカリ**性が強い。

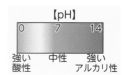

【pH】

| 0 | 7 | 14 |

強い　　　中性　　　強い
酸性　　　　　　　アルカリ性

☑ 酸とアルカリの反応

(1) **中和**(ちゅうわ)…酸の水素イオンとアルカリの水酸化物イオンが結びつ
発熱反応
いて**水ができる**ことで，たがいの性質を打ち消し合う反応。

(2) **塩**(えん)…酸の陰イオンとアルカリの陽イオンが結びついた物質。

(3) **塩酸と水酸化ナトリウム水溶液の中和**

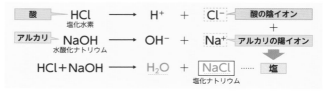

| 酸 | HCl 塩化水素 | ⟶ | H^+ | ＋ | Cl^- 酸の陰イオン |
| アルカリ | $NaOH$ 水酸化ナトリウム | ⟶ | OH^- | ＋ | Na^+ アルカリの陽イオン |

$HCl + NaOH \longrightarrow H_2O$ ＋ $NaCl$ …… **塩**
　　　　　　　　　　　　　　　　塩化ナトリウム

実戦
問題　**解説**　① BTB 溶液は酸性で黄色，中性で緑色，アルカリ性で青色を示す。
　　　② 塩酸と水酸化ナトリウム水溶液の中和では，塩化ナトリウムができる。

入試ナビ 中和…酸とアルカリがたがいの性質を打ち消し合う反応。
中性になるまで中和は起こり続ける。

★★★
★★★
★★

---

(4)中和と中性…水溶液中の**すべての水素イオンと水酸化物イオンが結びついたとき、中性**になる。

【塩酸に水酸化ナトリウム水溶液を加えたときのようす】

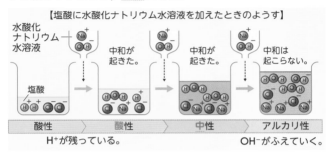

水酸化
ナトリウム
水溶液

中和が
起きた。

中和が
起きた。

中和は
起こらない。

塩酸

| 酸性 | 酸性 | 中性 | アルカリ性 |

H^+が残っている。　　　　　　　　　　　OH^-がふえていく。

注意 中和が起こっていても、水溶液中に H^+ や OH^- があれば中性ではない！

(5)その他の塩

◎H_2SO_4 ＋ $Ba(OH)_2$ ⟶ $BaSO_4$ ＋ $2H_2O$
硫酸　　　水酸化バリウム　　硫酸バリウム　　水
　　　　　　　　　　　　　　└白い沈殿

入試に出る 実戦問題 ＞中和

※解説は左のページ

図のように、うすい水酸化ナトリウム水溶液に
うすい塩酸を加えて中性にした。

☑ ①BTB溶液の色はどのように変わったか。**ア〜エ**から選べ。　　[　**ア**　]

ア 青色→緑色　　**イ** 緑色→青色
ウ 黄色→緑色　　**エ** 緑色→黄色

うすい
塩酸

BTB溶液を加えた
うすい水酸化ナト
リウム水溶液

☑ ②中性になった水溶液の水を蒸発させた。出てきた固体の物質の化学式を書け。　　[　**NaCl**　]

イオンの動きを調べる実験に強くなろう

☑ **塩酸の場合**

方法
① 硝酸カリウム水溶液で湿らせた
ろ紙の上に，**pH試験紙**を置き，
さらにpH試験紙の中央に**塩酸**
をしみこませた糸を置く。
② 硝酸カリウム水溶液をしみこま
せたろ紙の両端に電圧を加える。

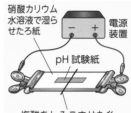

結果 pH試験紙の色が赤くなった部分が，陰極側に移動した。

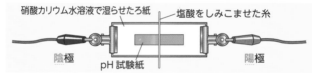

理由 塩酸は塩化水素がとけた水溶液で，塩化水素が水素イオン（H^+）
と塩化物イオン（Cl^-）に電離している。陽イオンである水素イオ
ンが，陰極に引かれたから。

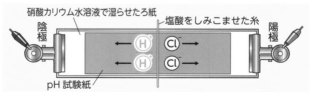

わかったこと
酸性の性質を示すもとになるものは，＋の電気を
帯びた水素イオンである。

入試ナビ 水素イオン（陽イオン）…陰極へ移動する。
水酸化物イオン（陰イオン）…陽極へ移動する。

水酸化ナトリウム水溶液の場合

方法
① 硝酸カリウム水溶液で湿らせたろ紙の上に，pH 試験紙を置き，さらに pH 試験紙の中央に**水酸化ナトリウム水溶液**をしみこませた糸を置く。

② 硝酸カリウム水溶液をしみこませたろ紙の両端に電圧を加える。

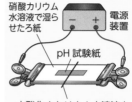

結果 pH 試験紙の色が青くなった部分が，陽極側に移動した。

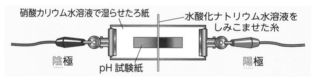

理由 水酸化ナトリウムが，**ナトリウムイオン（Na⁺）**と**水酸化物イオン（OH⁻）**に電離している。**陰イオン**である**水酸化物イオン**が，**陽極**に引かれたから。

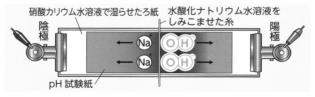

わかったこと
アルカリ性の性質を示すもとになるものは， － の電気を帯びた**水酸化物イオン**である。

化学変化とイオン

[生物] いろいろな生物とその共通点
身近な生物の観察

☑ 身近な生物の観察

(1) **環境**…場所により**日当たり**や**湿りけ**などの環境が異なるため, 見られる生物がちがう。

(2) **スケッチのしかた**

◎ よくけずった**鉛筆**を使い, **細い1本の線**ではっきりとかく。

◎ **影をつけたり, 線を重ねたり, ぬりつぶしたりしない**。

【スケッチのしかた】
よい例　悪い例

☑ ルーペの使い方

(1) **持ち方**…目にできるだけ**近づけて**持ち, レンズと目を平行にする。

(2) **動かし方**…観察するものを**前後**に動かしてピントを合わせる。

【ルーペの使い方】

注意 観察するものが動かせないときは, 自分の顔を動かす。

☑ 顕微鏡の使い方

(1) **操作の手順**

① **接眼レンズ → 対物レンズ**の順にレンズをつける。
　└ 鏡筒にゴミが入らないようにする。

② **反射鏡**と**しぼり**を調節して, 視野全体を明るくする。

③ プレパラートをステージにのせる。

【ステージ上下式顕微鏡】
接眼レンズ　　鏡筒
対物レンズ
ステージ　　　調節ねじ
しぼり
反射鏡

実戦問題 **解説**
① 鏡筒にゴミが入らないように, 接眼レンズを先につける。
② 顕微鏡の倍率＝接眼レンズの倍率×対物レンズの倍率　15×40＝600〔倍〕

入試ナビ 顕微鏡のピントは，プレパラートと対物レンズを離しながら合わせる。拡大倍率＝接眼レンズの倍率×対物レンズの倍率

★★★
★★★
★★

④**横から見ながら**調節ねじを回し，プレパラートと対物レンズを**近づける。**
接眼レンズをのぞきながら近づけない。

⑤接眼レンズをのぞいて，プレパラートと**対物レンズを離しながら**ピントを合わせる。

(2)**顕微鏡の倍率**… **接眼レンズの倍率×対物レンズの倍率**

注意 倍率が高くなると，視野はせまく暗くなる。

☑ **双眼実体顕微鏡の使い方**
立体的に見える。

(1)**操作の手順**

①左右の視野が1つに重なるように鏡筒を調節する。

②**右**目でのぞきながら，**調節ねじ**でピントを合わせる。

③**左**目でのぞきながら，**視度調節リング**を回してピントを合わせる。

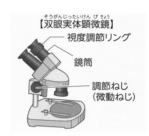

【双眼実体顕微鏡】
── 視度調節リング
── 鏡筒
── 調節ねじ
（微動ねじ）

入試に出る 実戦問題 ＞ 顕微鏡の使い方 ※解説は左のページ

図は，ステージ上下式顕微鏡である。

☑ ①顕微鏡で観察するとき，A，Bどちらのレンズを先につけるか。また，そのレンズを何というか。

レンズ［　**A**　］
レンズの名称［　**接眼レンズ**　］

A
── 鏡筒
B
ステージ ── 調節ねじ
しぼり
反射鏡

☑ ② Aのレンズが15倍，Bのレンズが40倍のときの顕微鏡の拡大倍率は何倍か。 ［　**600倍**　］

花のつくり

☑ 被子植物の花のつくり

(1) **被子植物**…**胚珠**が**子房**の中にある植物。例 アサガオ，アブラナ

◎**柱頭**…めしべの先の部分。

◎めしべのもとの**子房**の中に**胚珠**がある。

◎**やく**…おしべの先にある小さな袋で，**花粉**がつくられる。

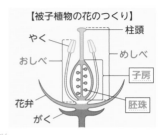

【被子植物の花のつくり】

柱頭／やく／めしべ／おしべ／子房／花弁／胚珠／がく

(2) **アブラナの花のつくり**…がく，**花弁**，おしべ，**めしべ**がある。

【アブラナの花のつくり】

外側← →内側

がく　花弁　おしべ　めしべ

☑ 裸子植物の花のつくり

(1) **裸子植物**…**子房がなく，胚珠がむき出し**になっている植物。例 マツ，イチョウ，スギ

(2) **マツの花のつくり**

◎**雌花**…りん片に**むき出しの胚珠**がついている。

◎**雄花**…りん片に**花粉のう**があり，**花粉**がつくられる。

【マツの花のつくり】

雌花／胚珠／りん片／雄花／花粉のう／花粉

実戦問題 解説
① 花粉はおしべの先のやくでつくられる。　② めしべの先の部分を柱頭という。
③ 受粉すると，胚珠は種子に，子房は果実になる。子房がない裸子植物では果実はできない。

✓ 花の変化

(1) **受粉**…おしべのやく
から出た花粉がめし
べの**柱頭**につくこと。

(2) 受粉後の変化
…子房 → **果実**に，
胚珠 → **種子**になる。

注意 裸子植物は子房がな
いため果実ができない。

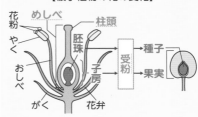

【被子植物の花の変化】

花粉　めしべ　柱頭

胚珠

やく

おしべ

子房

がく　花弁

受粉 → 種子
受粉 → 果実

✓ 種子植物

(1) **種子植物**…花が咲き，**種子**でなかまをふやす植物。**被子植物**
と**裸子植物**がある。

入試に
出る 実戦問題 > 花のつくり

※解説は左のページ

図はアブラナの花のつくりの模式図で
ある。

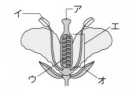

ア　イ　エ　ウ　オ

✓ ① 図の**ア〜オ**で，花粉が入っている
部分はどこか。

[　**イ**　]

✓ ② 花粉がめしべの柱頭につくことを何というか。

[　**受粉**　]

✓ ③ ②のあと，果実や種子になるのは**ア〜オ**のそれぞれどこか。

果実[　**エ**　]　種子[　**ウ**　]

植物のなかまと分類

☑ 種子をつくる植物

(1) **種子植物の分類**…胚珠が子房の中にある**被子植物**，胚珠がむき出しになっている**裸子植物**に分けられる。

(2) **被子植物の分類**…子葉が1枚のものを**単子葉類**，子葉が2枚のものを**双子葉類**という。

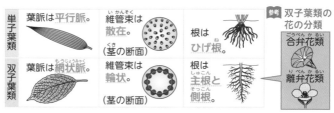

単子葉類	葉脈は平行脈。	維管束は散在。（茎の断面）	根はひげ根。
双子葉類	葉脈は網状脈。	維管束は輪状。（茎の断面）	根は主根と側根。

参考 双子葉類の花の分類
合弁花類
離弁花類

☑ 種子をつくらない植物

(1) **シダ植物**…**胞子**でふえる。からだは根・茎・葉の区別が**ある**。

(2) **コケ植物**…胞子でふえる。からだは根・茎・葉の区別が**ない**。**仮根**をもつ。
からだを地面に固定する。

注意 水は仮根ではなく，からだの表面全体から吸収する。

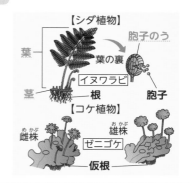

【シダ植物】
葉
胞子のう
葉の裏
イヌワラビ
茎
根
胞子

【コケ植物】
雌株
雄株
ゼニゴケ
仮根

実戦問題 **解説** ① **ア**…A，Bは種子植物で，種子でふえる。Cはコケ植物，Dはシダ植物でどちらも胞子でふえる。**イ**…Cのコケ植物だけは根・茎・葉の区別がない。
② 単子葉類は葉脈が平行脈で，根はひげ根になっている。

入試ナビ 被子植物の分類…葉脈, 茎の維管束, 根のようすで分類。
平行脈・散在する維管束・ひげ根なら単子葉類。

★★★
★★★
★
★

いろいろな生物とその共通点

☑ **植物の分類**

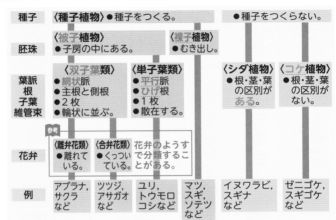

	〈種子植物〉●種子をつくる。			●種子をつくらない。	
種子					
胚珠	〈被子植物〉 ●子房の中にある。	〈裸子植物〉 ●むき出し。			
	〈双子葉類〉	〈単子葉類〉		〈シダ植物〉	〈コケ植物〉
葉脈 根 子葉 維管束	●網状脈 ●主根と側根 ●2枚 ●輪状に並ぶ。	●平行脈 ●ひげ根 ●1枚 ●散在する。		●根・茎・葉 の区別が ある。	●根・茎・葉 の区別が ない。
花弁	参考 〈離弁花類〉 ●離れて いる。	〈合弁花類〉 ●くっつい ている。	花弁のようす で分類するこ とがある。		
例	アブラナ, サクラ など	ツツジ, アサガオ など	ユリ, トウモロ コシなど	マツ, スギ, ソテツ など	イヌワラビ, スギナ など	ゼニゴケ, スギゴケ など

入試に出る 実戦問題 > 植物の分類

※解説は左のページ

10種類の植物を, 次のようにA～Dになかま分けした。

A	B	C	D
ツユクサ エンドウ タンポポ	マツ イチョウ	スギゴケ ゼニゴケ	ノキシノブ イヌワラビ

☑ ① A～Dで, 次の**ア・イ**にあてはまる記号をすべて答えよ。

　　ア 胞子でふえる。　　　　　　　　　[　C, D 　]

　　イ 根・茎・葉の区別がある。　　　　[　A, B, D 　]

☑ ② Aは, 単子葉類と双子葉類に分けられる。単子葉類をすべて
答えよ。　　　　　　　　　　　　　　[　ツユクサ, イネ 　]

28 動物の分類

☑ 脊椎動物

(1)脊椎動物 … 背骨のある動物。

(2)脊椎動物のなかま … 下の表のように5種類に分けられる。

	魚類	両生類	は虫類	鳥類	哺乳類
生活場所	水中	子…水中 親…水辺	おもに陸上		
呼吸	えら	子…えらと皮膚 親…肺と皮膚	肺		
生まれ方	卵生（卵に殻がない）		卵生（卵に殻がある）		胎生
体表	うろこ	湿った皮膚	うろこ	羽毛	毛
例	サケ, フナ, コイ	カエル, イモリ	ヘビ, カメ, ヤモリ	スズメ, ペンギン	イヌ, クジラ, コウモリ

(3)呼吸 … **魚類**と**両生類の子**は**えら**で呼吸する。
　　　　　　　　　　　　　　　└─ 水中で生活する生物

(4)生まれ方 … 卵生と胎生。胎生は**哺乳類**で，卵生はそれ以外。

◎**卵生** … 卵を産んでなかまをふやす。

◎**胎生** … 子が母体内である程度育ってから生まれる。

☑ 草食動物と肉食動物

(1)草食動物 … 目は横向きにつき，**視野**
が広い。歯は**門歯**と**臼歯**が発達。
　　　　　　　　└─ 草をすりつぶす。

(2)肉食動物 … 目は顔の正面につき，**立
体的に見える**範囲が広い。歯は**犬歯**
が発達。
└─ 肉を切り裂く。

【草食動物と肉食動物の頭骨】

臼歯
犬歯

草食動物　　　　　　肉食動物

実戦
問題 | 解説 | A…子と親で呼吸のしかたが変わるのは両生類である。B…鳥類のからだは羽毛でお
おわれている。C…胎生の動物は哺乳類だけである。

72

入試 ナビ	両生類の呼吸…親と子で呼吸のしかたがちがう！ 親…肺と皮膚　子…えらと皮膚

☑ 無脊椎動物

(1) **無脊椎動物**…背骨のない動物。節足動物や軟体動物など。

(2) **節足動物**…全身が**外骨格**でおおわれている。からだやあしが多くの**節**に分かれている。卵生。

◎ **昆虫類**…からだが頭部，胸部，腹部に分かれている。**気門**から空気をとり入れて呼吸している。

【トノサマバッタのからだ】

頭部　胸部　腹部

はね

気門
あし

◎ **甲殻類**…多くはえらで呼吸する。エビ，カニ，ザリガニなど。

◎ **その他の節足動物**…クモ，ムカデ，サソリなど。

(3) **軟体動物**…内臓が**外とう膜**に包まれている。からだやあしに節がない。卵生。多くはえら，マイマイなど陸上生活のものは肺で呼吸する。タコ，イカ，アサリなど。

注意 貝のなかまは軟体動物！　貝殻は外とう膜から出された炭酸カルシウムからできたもので，外骨格ではない。

入試に出る 実戦問題 > 脊椎動物の分類

※解説は左のページ

表は，脊椎動物を5つのなかまに分けたものである。A〜C にあてはまる語句をそれぞれ答えよ。

☑ A [両生類]
☑ B [羽毛]
☑ C [胎生]

	呼吸	生まれ方	体表
魚類	えら	卵生	うろこ
A	子…えらと皮膚 親…肺と皮膚	卵生	湿った皮膚
は虫類	肺	卵生	うろこ
鳥類	肺	卵生	B
哺乳類	肺	C	毛

☑ 細胞

(1) 細胞（さいぼう）…生物のからだをつくる最小の単位。

◎ 核（かく）…ふつう，1つの細胞に1個ある。

◎ 細胞質（さいぼうしつ）…核のまわりをとり囲む部分。
└ 核を除く，細胞膜とその内側の部分。

◎ 細胞膜（さいぼうまく）…細胞質のいちばん外側のうすい膜。

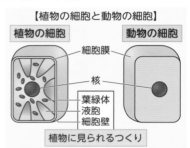

【植物の細胞と動物の細胞】

植物の細胞　　　動物の細胞

細胞膜

核

葉緑体
液胞
細胞壁

植物に見られるつくり

(2) 植物の細胞に見られるつくり…細胞壁（さいぼうへき），葉緑体（ようりょくたい），液胞（えきほう）。

◎ 細胞壁…**細胞膜の外側のじょうぶなつくり。**

◎ 葉緑体…**光合成**（こうごうせい）**を行う緑色の粒**（つぶ）**。**

◎ 液胞…不要物や貯蔵物質をふくむ液が入っている。

🐾（注意）葉緑体は，葉や茎などの緑色をした部分の細胞にあり，根などの細胞にはない。

☑ 細胞の観察

(1) 核（さくさん）…酢酸オルセイン液や酢酸カーミン液などの染色（せんしょく）液（えき）でよく染まる。

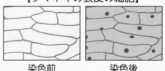

【タマネギの表皮の細胞】

染色前　　　　染色後

実戦問題 | 解説 | ① 染色液でよく染まるのは核である。核はふつう，1つの細胞に1個ずつある。
② 細胞壁，葉緑体，液胞は植物の細胞に見られるつくりである。図の細胞にはそれらがあるので，植物の細胞であることがわかる。

| 入試 ナビ | 植物の細胞に見られるつくり…細胞壁，葉緑体，液胞。
動物の細胞と植物の細胞で共通なもの…核，細胞膜。 |

☑ 単細胞生物・多細胞生物

(1) **生物**…細胞の数によって分けられる。

  ◎ **単細胞生物**…からだが **1つ**の細胞でできている。

  例 アメーバ，ミドリムシ，ゾウリムシ

  ◎ **多細胞生物**…からだが**多くの細胞**が集まってできている。

(2) **多細胞生物のからだの成り立ち**

  ◎ **組織**…形やはたらきが同じ**細胞**の集まり。

  ◎ **器官**…いくつかの種類の**組織**が集まり，**特定のはたらき**をする部分。

  ◎ **個体**…いくつかの器官が集まってできる。

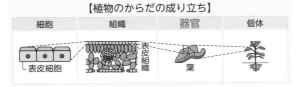

【植物のからだの成り立ち】

細胞	組織	器官	個体
表皮細胞	表皮組織	葉	

| 入試に 出る | **実戦問題** > 細胞のつくりの観察 |

※解説は左のページ

図はある細胞のつくりを表している。

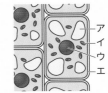

☑ ① 染色液でよく染まる部分は**ア～エ**のどれか。　[　**ウ**　]

☑ ② この細胞は植物の細胞である。そう判断できる理由を答えよ。

[　細胞壁（葉緑体，液胞）があるから。　]

30 光合成と呼吸

☑ 光合成

(1) **光合成**…植物が**光**を受け
て**デンプン**などの栄養分
をつくるはたらき。

【光合成のしくみ】

根から　　　　　　　　　　　光

水 ＋ 二酸化炭素　→　デンプンなど ＋ 酸素

葉緑体

空気中から　　　　　　　　空気中へ

(2) **光合成が行われるところ**
…細胞の中の**葉緑体**。

(3) **光合成の原料**…**二酸化
炭素**と**水**。

(4) **光合成でできるもの**…**デンプン**などの栄養分と**酸素**。

(5) **葉のつき方**…葉は**たがいに重なり合わない**ようについている。
→どの葉にも**日光**が当たる。

☑ 呼吸

(1) **植物の呼吸**…**酸素**をとり入れ，**二酸化炭素**を出す。

(2) **植物の呼吸を調べる実験**
…右の図の**A**では石灰水は
白くにごり，**B**では変化が
ない。→**A**で**呼吸**が行わ
れ，**二酸化炭素**を放出した。

参考 生物は，呼吸によって生
命活動の**エネルギー**をと
り出している。

A　　　B　　暗い場所

空気

A B

石灰水

新鮮なホウ
レンソウ　　何も入
　　　　　れない。

数時間後，A，Bの
空気を石灰水に通す。

実戦問題 **解説** ①②光が当たっていないので，葉は呼吸のみを行い，酸素を吸収し，二酸化炭素
を出す。③葉に光が当たると光合成を行うので，気体にふくまれる二酸化炭素は，
暗いところに置いた場合より減少すると考えられる。

76

★★★★★
★★★★

入試ナビ 呼吸と光合成…呼吸は1日中行われることに注意！
光が強いと呼吸より光合成がさかん，光がないと呼吸のみ行う。

☑ 光合成と呼吸

(1)**光合成**…光が当たったときだけ行われる。

(2)**呼吸**…1日中，行われる。

(3)**光合成と呼吸で出入り
する気体**…たがいに逆。

◎**昼（光が強いとき）**
…呼吸もするが光合成
の方がさかん。→ 全
体として酸素を放出。

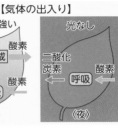

【気体の出入り】

⇨ 光合成だけが行われているように見える。

◎**夜（光がないとき）**…呼吸だけ → 二酸化炭素だけを放出。

入試に出る 実戦問題 > 光合成と呼吸

※解説は左のページ

新鮮なホウレンソウの葉をポリエチレ
ンの袋(ふくろ)に入れて，暗いところに置いた。
数時間後，袋の中の気体を石灰水に通し
た。

ホウレンソウ　　石灰水

☑ ①石灰水はどうなったか。

[白くにごった。]

☑ ②葉が行ったはたらきは何か。

[呼吸]

☑ ③この袋を明るいところに置き，数時間後，中の気体を石灰水
に通すと，①と同じ結果になるか。 [ならない。]

☑ 葉でデンプンができている部分を調べる実験

方法

① 一晩暗いところに置いたふ入りの葉の一部をアルミニウムはくでおおい，十分日光に当てる。

日光
ふの部分

アルミニウムはく

※ふの部分…細胞の中に葉緑体がないため白っぽく見える部分。

② 熱湯にしばらくつける。

理由 細胞内にエタノールやヨウ素液を入りやすくするため。

熱湯

③ エタノールに入れ，ビーカーごと熱湯に入れる。

理由 葉の緑色を脱色するため。

熱湯
エタノール

注意 エタノールは引火しやすいので直接加熱しない。

④ 水洗いしてからヨウ素液にひたす。

ヨウ素液

注意 ヨウ素液 … デンプンがあれば青紫色になる。

結果 Ⓐは青紫色になるが，Ⓑ，Ⓒは青紫色にならない。

→ デンプンができていない。

Ⓐ
Ⓑ
Ⓒ

わかったこと

・ⒶとⒷの比較 … 光合成は緑色の部分で行われる。

・ⒶとⒸの比較 … 光合成には光が必要である。

生物のからだのつくりとはたらき

✓ 光合成が行われるところを調べる実験

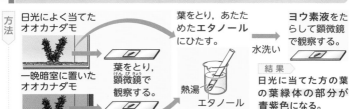

方法

日光によく当てたオオカナダモ

一晩暗室に置いたオオカナダモ

葉をとり，顕微鏡で観察する。

葉をとり，あたためた**エタノール**にひたす。

熱湯
エタノール

ヨウ素液をたらして顕微鏡で観察する。

水洗い

結果
日光に当てた方の葉の葉緑体の部分が青紫色になる。

わかったこと 光合成は**葉緑体**で行われる。

✓ 光合成で二酸化炭素が使われることを調べる実験

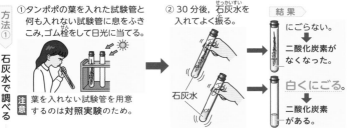

方法①
石灰水で調べる

①タンポポの葉を入れた試験管と何も入れない試験管に息をふきこみ，ゴム栓をして日光に当てる。

注意 葉を入れない試験管を用意するのは対照実験のため。

②30分後，石灰水を入れてよく振る。

石灰水

結果

にごらない。
↓
二酸化炭素がなくなった。

白くにごる。
↓
二酸化炭素がある。

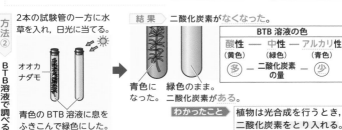

方法②
BTB溶液で調べる

2本の試験管の一方に水草を入れ，日光に当てる。

オオカナダモ

青色のBTB溶液に息をふきこんで緑色にした。

結果 二酸化炭素がなくなった。

青色になった。

緑色のまま。二酸化炭素がある。

BTB溶液の色		
酸性（黄色）	中性（緑色）	アルカリ性（青色）
（多）	二酸化炭素の量	（少）

わかったこと 植物は光合成を行うとき，二酸化炭素をとり入れる。

79

31

[生物] 生物のからだのつくりとはたらき

植物のつくり

1年 **2年** 3年

☑ 根のつくり

(1) **根のはたらき**…からだを支
え，**水**や水にとけた**養分**を
吸い上げる。

(2) **根毛**…根の先端付近にある。
◎根の**表面積**を**大きく**し
て，水や水にとけた養分
の吸収を効率よくする。

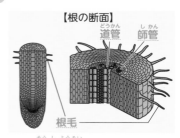

【根の断面】
道管　師管
根毛

(3) **根の形**…**主根**と**側根**があるもの（**双子葉類**）と，**ひげ根**のも
の（**単子葉類**）がある。

☑ 茎のつくり

(1) **維管束**…**師管**と**道管**の集
まり。

(2) **道管**…根から吸収した**水**や
水にとけた**養分**が通る管。
肥料分，無機養分

(3) **師管**…葉でつくられた**栄
養分**が通る管。茎の**外**側に
ある。
くき有機養分

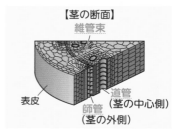

【茎の断面】
維管束
道管
（茎の中心側）
表皮
師管
（茎の外側）

(4) **茎の維管束**…**輪**のように並ぶもの（**双子葉類**）と**散在**するも
の（**単子葉類**）がある。
横断面

実戦問題 **解説**　① 根から吸収した水や水にとけた養分は，道管を通って植物のからだ全体にいきわ
たる。道管は茎の横断面で見ると，師管より内側にある。
② 図の植物は，維管束が茎の断面に輪のように並んでいるので双子葉類。

> **入試ナビ** 道管と師管の覚え方…道管は師管より茎の内側にあり，水などの通り道になるので，「うちの水道管」と覚えよう。

葉のつくり

(1) **葉脈**…葉に通っている維管束。
  ◎ 双子葉類…**網状脈**。
    └ 網目状
  ◎ 単子葉類…**平行脈**。
    └ 平行に通る。

(2) **気孔**…葉の表皮にある，**孔辺細胞**に囲まれたすきま。ふつう，葉の裏側に多い。
  ◎ **酸素・二酸化炭素**の出入り口。
  ◎ **水蒸気**の出口。

(3) **蒸散**…植物のからだから水が**水蒸気**となって出ていく現象。
  ◎ 蒸散が起こると，根からの水や養分の吸い上げが行われる。

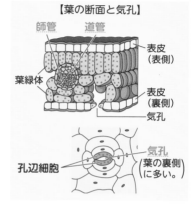

【葉の断面と気孔】

師管　道管

表皮（表側）

葉緑体

表皮（裏側）

気孔

孔辺細胞

気孔（葉の裏側に多い。）

入試に出る　実戦問題 ＞ 茎のつくり

※解説は左のページ

図は，ある植物の茎の横断面とその一部の拡大図である。

☑ ① 根から吸収した水や水にとけた養分が通るのは**ア，イ**のどちらか。

[**イ**]

☑ ② 図の植物は次のどちらか。

| ユリ　　ホウセンカ |

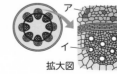

ア

イ

拡大図

[**ホウセンカ**]

消化と吸収

☑ 消化

(1)**消化**…食物中の**栄養分を分解し，吸収されやすくする**こと。

(2)**消化酵素**…**消化液**にふくまれ，栄養分を**分解**する。消化酵素は**決まった物質にしかはたらかない**。

(3)**栄養分の分解**

◎ **デンプン → ブドウ糖**　　◎ **タンパク質 → アミノ酸**

◎ **脂肪 → 脂肪酸とモノグリセリド**

☑ 消化のしくみ

(1)**消化管**…食物の通り道。口 → **食道** → 胃 → **小腸** → 大腸 → **肛門**

(2)**消化液**…消化にはたらく液体。だ液，胃液，すい液など。

(3)**消化のしくみ**…食物は，消化管を通る間に**消化酵素**で分解される。

器官	消化液
だ液せん	だ液
胃	胃液
肝臓	胆汁（消化酵素はふくまない。胆のうにたくわえられる。）
すい臓	すい液
小腸	小腸の壁に消化酵素がある。

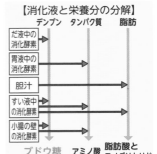

【消化液と栄養分の分解】

デンプン　タンパク質　脂肪

だ液中の消化酵素
胃液中の消化酵素
胆汁
すい液中の消化酵素
小腸の壁の消化酵素

ブドウ糖　アミノ酸　脂肪酸とモノグリセリド

🈁 肝臓でつくられる胆汁は，消化酵素をふくまないが脂肪の消化を助ける。

実戦問題 解説
① デンプンはブドウ糖に，タンパク質はアミノ酸に，脂肪は脂肪酸とモノグリセリドにそれぞれ分解される。
② 分解された栄養分は，小腸の内壁の表面をおおっている柔毛から吸収される。

消化された栄養分の吸収

(1)**小腸のつくり**…多数のひだに多数の**柔毛**がある。

◎柔毛が多数あることで，**表面積は非常に大き**くなる。

注 小腸の表面積が大きくなることで，効率よく栄養分を吸収できる。

(2)**栄養分の吸収**…柔毛で吸収される。

【柔毛のつくり】

◎**ブドウ糖**と**アミノ酸**は**毛細血管に入り**，肝臓を通って全身の細胞へと運ばれる。

◎**脂肪酸**と**モノグリセリド**は柔毛内で**脂肪**に合成され，**リンパ管**に入り，やがて血管に入って全身の細胞へと運ばれる。

右側ラベル：毛細血管／リンパ管／動脈／静脈

右端縦書き：生物のからだのつくりとはたらき

入試に出る 実戦問題 ＞ 消化と吸収のしくみ

※解説は左のページ

図はヒトの消化器官を模式的に表したものである。

☑ ①食物中にふくまれているタンパク質は，消化酵素などのはたらきによって最終的に何という物質に分解されるか。

[　アミノ酸　]

☑ ②分解された①の物質は，**ア〜エ**のうち，どこから吸収されるか。

[　エ　]

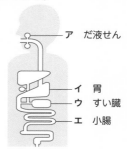

ア　だ液せん
イ　胃
ウ　すい臓
エ　小腸

だ液のはたらきを調べる実験に強くなろう

☑ デンプンに対するだ液のはたらきを調べる実験

方法

① 試験管 **A** にデンプン溶液とだ液，試験管 **B** にデンプン溶液と水をそれぞれ入れる。

> **重要** 水を入れた試験管を用意するのは…色の変化がだ液のはたらきであることを確認するため。
> ── 対照実験

② **A**，**B** を約 40 ℃の湯につける。

> **理由** 消化酵素は体温に近い温度でよくはたらくから。

③ ヨウ素液とベネジクト液で反応を調べる。

> **注意** ベネジクト液は，麦芽糖やブドウ糖をふくむ溶液に加えて加熱すると，赤褐色の沈殿ができる。

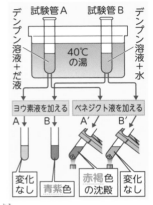

結果 表でまとめるとわかりやすい。

			ヨウ素液		ベネジクト液
デンプン ＋ だ液	色の変化		変化なし		赤褐色の沈殿
	わかること	A	デンプンがふくまれていない。	A′	麦芽糖などがふくまれている。
デンプン ＋ 水	色の変化		青紫色		変化なし
	わかること	B	デンプンがふくまれている。	B′	麦芽糖などがふくまれていない。

入試ナビ　どの試験管とどの試験管の結果を比べれば何がわかるか，といった考え方が大切。

考察　AとB，A'とB'の結果から，何がわかるかを考える。

(1)AとB → だ液を入れたAはデンプンがふくまれていない。…❶

(2)A'とB' → だ液を入れたA'は麦芽糖などがふくまれている。…❷

わかったこと

> ❶と❷から，だ液は，デンプンを麦芽糖などに分解する。

デンプンとブドウ糖の分子の大きさを調べる実験

デンプンと，だ液などのはたらきで分解されたブドウ糖の分子の大きさを比べてみる。

方法
① デンプンとブドウ糖の混合液をペトリ皿に入れ，セロハンをかぶせ，その上に，セロハンと混合液にふれるように水を注ぐ。

② しばらくして，セロハンの上の水を試験管にとり，ヨウ素液とベネジクト液で反応を調べる。

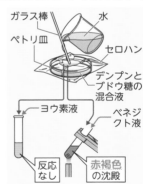

わかったこと

> デンプンの分子はセロハンの穴より大きいので，セロハンを通らないが，ブドウ糖の分子は小さいのでセロハンを通る。

呼吸と血液の循環，排出

☑ 呼吸

(1) **細胞呼吸**（さいぼうこきゅう）… 細胞は血液から得た酸素を使って**栄養分を分解**し，活動のための**エネルギー**をとり出す。

(2) **肺による呼吸**… 肺では血液中に酸素が**とり入れられ**，血液中の**二酸化炭素**が**排出**（はいしゅつ）される。

(3) **肺のつくり**… **肺胞**（はいほう）が多数あることで，表面積が**大き**くなっている。
 └ 肺をつくる小さな袋

【肺のつくり】
二酸化炭素
肺胞
酸素
気管支
毛細血管

☑ 血管のつくりと血液の循環

(1) **動脈**（どうみゃく）… **心臓から送り出される**血液が通る血管。

(2) **静脈**（じょうみゃく）… **心臓へもどる**血液が通る血管。**弁がある**。

(3) **血液の循環経路**（じゅんかん）

 ◎ **肺循環**（はいじゅんかん）… 心臓から肺を通って心臓にもどる。

 ◎ **体循環**（たいじゅんかん）… 心臓から**全身**を通って心臓にもどる。

 ◎ **動脈血**（どうみゃくけつ）… 酸素を多くふくんだ血液。

 ◎ **静脈血**（じょうみゃくけつ）… 二酸化炭素を多くふくんだ血液。

 注意 大動脈と肺静脈には動脈血，大静脈と肺動脈には静脈血が流れている。

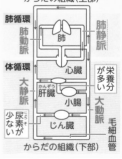

【ヒトの血液の循環経路】
からだの組織（上部）
肺循環
肺動脈
肺
肺静脈
体循環
大静脈
心臓
が栄養分多い
肝臓（かんぞう）
小腸
大動脈
少尿（にょう）素多い
じん臓
毛細血管
からだの組織（下部）

実戦問題 [解説] 細胞は，血液中から酸素と栄養分をとりこんでエネルギーをつくり出す。このとき発生する不要な物質や二酸化炭素は組織液中に出され，血液中に入る。

入試ナビ 血液は，栄養分や酸素を細胞に供給し，細胞から出た二酸化炭素や不要な物質を運びさるはたらきをすることをおさえる。

★★★
★★★

☑ 血液のはたらき

(1) **赤血球**… 酸素を運ぶ。

ふくまれる**ヘモグロビン**は，酸素の多いところで酸素と結びつき，酸素が少ないところで酸素をはなす。

【血液の成分】

- 赤血球 ┐
- 白血球 ├ 血球
- 血小板 ┘
- 血しょう ─ 液体

(2) **白血球**… 細菌などを分解する。

(3) **血小板**… 出血した血液を固める。

(4) **血しょう**… 栄養分や不要な物質などを各組織へ運ぶ。

◎ **組織液**… 血しょうの一部が**毛細血管**からしみ出たもの。細胞と血液の**物質交換のなかだち**をする。

☑ 不要な物質の排出

(1) **二酸化炭素**… 肺による**呼吸**で体外に排出される。

(2) **アンモニア**… **肝臓**で毒性の少ない**尿素**につくりかえられ，じん臓で不要な物質や水分とともにとり除かれて**尿**となり，**ぼうこう**から体外に排出される。

入試に出る 実戦問題 > 細胞呼吸

※解説は左のページ

図は，細胞と血液の，酸素と二酸化炭素の交換を表している。

☑ ① 細胞は何を使って栄養分を分解するか。

[　酸素　]

☑ ② ■の物質は，酸素と二酸化炭素のうちどちらか。

[　二酸化炭素　]

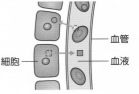
血管
細胞
血液

動物の運動のしくみ

☑ 感覚器官

(1) <ruby>感覚器官<rt>かんかく き かん</rt></ruby>…外界からの**刺激を受けとる器官**。目，鼻，舌，耳，<ruby>皮膚<rt>ひ ふ</rt></ruby>など。

(2) **目**…**光**の刺激を受けとる。

◎ <ruby>虹彩<rt>こうさい</rt></ruby>…**光の量を調節**。

◎ **レンズ（<ruby>水晶体<rt>すいしょうたい</rt></ruby>）**…光を<ruby>屈折<rt>くっせつ</rt></ruby>させて**<ruby>網膜<rt>もうまく</rt></ruby>上に像を結ぶ**。

◎ **<ruby>網膜<rt>もうまく</rt></ruby>**…光の刺激を受けとる細胞がある。

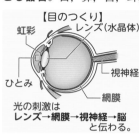

【目のつくり】

虹彩　レンズ（水晶体）

ひとみ　視神経　網膜

光の刺激は
レンズ→網膜→視神経→脳
と伝わる。

(3) **耳**…**音**の刺激を受けとる。

◎ <ruby>鼓膜<rt>こ まく</rt></ruby>…**音をとらえて<ruby>振動<rt>しんどう</rt></ruby>する**。

◎ <ruby>耳小骨<rt>じ しょうこつ</rt></ruby>…鼓膜の振動をうずまき管に伝える。

◎ **うずまき管**…音の刺激を受けとる細胞がある。

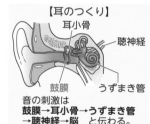

【耳のつくり】

耳小骨　聴神経

鼓膜　うずまき管

音の刺激は
**鼓膜→耳小骨→うずまき管
→聴神経→脳**　と伝わる。

☑ 神経系

(1) <ruby>感覚<rt>かんかく</rt></ruby>**<ruby>神経<rt>しんけい</rt></ruby>**…感覚器官で受けとった刺激の信号を，**<ruby>中枢神経<rt>ちゅうすうしんけい</rt></ruby>（脳や<ruby>脊髄<rt>せきずい</rt></ruby>）に伝える神経**。

(2) <ruby>運動<rt>うんどう</rt></ruby>**<ruby>神経<rt>しんけい</rt></ruby>**…中枢神経からの命令の信号を手や足などの**<ruby>筋肉<rt>きんにく</rt></ruby>（<ruby>運動器官<rt>うんどう き かん</rt></ruby>）に伝える神経**。

【中枢神経と末しょう神経】

中枢神経	末しょう神経
脳，脊髄	感覚神経 運動神経 など

<ruby>実戦<rt></rt></ruby>問題　**解説**　意識とは関係なく起こる反応なので反射である。このときの刺激や命令の信号の伝わり方は，感覚器官→感覚神経→脊髄→運動神経→筋肉　である。

☑ **刺激と反応**

(1)**刺激と反応**…刺激の信号が脳に伝わると命令の信号が出される。

刺激 → 感覚器官 → 感覚神経 ↗ 脊髄/脳 ↘ 運動神経 → 筋肉 → 反応

(2)**反射**…意識に関係なく起こる反応。反応が起こるまでの時間が**短い**ので，危険から身を守ることに役立つ。

注意 反射では，刺激の信号が脳に伝わる前に脊髄などから命令の信号が出されるため，反応が速い。

☑ **骨格と筋肉・運動のしくみ**

【ヒトのうでのつくり】

うでを曲げる筋肉／けん／けん／けん／関節／うでをのばす筋肉／けん

◎骨格についた筋肉の両端は**けん**になっている。うでの曲げのばしでは，骨の両側の筋肉が**交互**に収縮して**関節**が曲がる。

入試に出る 実戦問題 ＞ 刺激と反応

※解説は左のページ

図はヒトの**神経系**とそれにつながる皮膚と筋肉を表している。

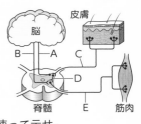

脳／皮膚／B／A／C／脊髄／D／E／筋肉

☑ ①手が熱いやかんにふれたとき，熱いと感じる前に手を引っこめた。このときの刺激や命令の信号はどのように伝わるか。図のA～Eの記号から必要なものを選び，「→」を使って示せ。

[**C → D → E**]

☑ ②①のような反応を何というか。

[**反射**]

生物のからだのつくりとはたらき

35 生物の成長と細胞分裂

☑ 細胞分裂と生物の成長

(1) **細胞分裂**…1個の細胞が分かれて，2個の細胞ができること。

(2) **体細胞分裂**…からだをつくる細胞が分裂する細胞分裂。

(3) **染色体**…細胞分裂のとき，**核の中**に見られる**ひも状**のもの。

◎ **遺伝子**…染色体にある，生物の**形質**を現すもとになるもの。

(4) **形質**…生物の特徴となる**形**や**性質**など。

(5) **生物の成長**…体細胞分裂で**細胞の数**が**ふえ**，ふえた細胞がそれ

ぞれ**大きく**なることで成長する。

【植物の体細胞分裂】

①染色体が複製され，2倍になる。	②染色体が見えてくる。	③染色体が中央に集まる。	④染色体が両端に分かれる。	⑤2個の核ができる。	⑥細胞質が分かれて，2個の細胞ができる。	⑦それぞれの細胞が大きくなる。

☑ 有性生殖と無性生殖

(1) **生殖**…生物が自分と同じ種類の個体（子）をつくること。

(2) **有性生殖**…生殖細胞が**受精**をして子をつくる生殖。子の形質は，

親と同じになるとは限らない。

└─ 雄→精細胞，精子 雌→卵細胞，卵

└─ 両方の親から遺伝子を受けつぐため。

◎ **受精**…2種類の生殖細胞の**核**が合体すること。

(3) **減数分裂**…生殖細胞がつくられるとき，**染色体の数**がもとの細

胞の**半分**になる，特別な細胞分裂。

注 染色体数が半分になった卵細胞（卵）と精細胞（精子）が受精

して子になるので，子の染色体数は親と同じになる。

実戦問題 **解説** ① 染色体の数が2倍になってから分裂するので，染色体の数は変わらない。

② 細胞分裂はAが最もさかんで，細胞の大きさはAから遠いほど大きい。

生物の成長…細胞分裂で数がふえ，細胞が大きくなる。
生殖…受精するのは有性生殖，受精しないのは無性生殖。

★★★
★★★
★★

(4) 無性生殖…**受精**をしないで子をつくる生殖。**体細胞分裂**によっ

て新しい個体をつくるため，子の形質は，**親**と**同じ**になる。
　　　　　　　　　　　　　　　　　　　　　親の遺伝子をそのまま受けつぐ。

◎ **栄養生殖**…**植物**のからだの一部から，新しい個体ができる。

　例 ヤマノイモのむかご，サツマイモのさし木など。

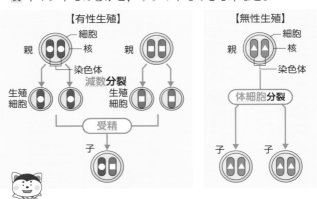

生命の連続性

実戦問題 > 細胞分裂の観察

※解説は左のページ

　タマネギの根の先端からA〜Cの位置の細胞を観察し

た。

☑ ① A〜Cのうち，細胞分裂はAが最もさかんである。

　　細胞分裂の前とあとで，染色体の数はどうなるか。

　　　　　　　　　　[変わらない。（同じ。）]

☑ ② 細胞の大きさが大きいものから順に，A〜Cの記号を並べよ。

　　　　　　　　　　　　　[C → B → A]

生物のふえ方

☑ 植物の有性生殖

(1) 被子植物の生殖細胞

○ **精細胞**…雄の生殖細胞。**花粉**の中でつくられる。
└ 生殖のためにつくられる。

○ **卵細胞**…雌の生殖細胞。**胚珠**の中でつくられる。

(2) 被子植物の有性生殖

○ **受精**…受粉した花粉からのびる**花粉管**が胚珠まで達し，花粉管の中を移動してきた**精細胞**の核と，胚珠の中の**卵細胞**の核が合体すること。

○ **受精卵**…精細胞と卵細胞の受精によってできた細胞。

○ **胚**…受精卵が体細胞分裂してできる，**植物のからだになる部分**。

○ **植物の発生**…受精卵からからだのつくりができていく過程。

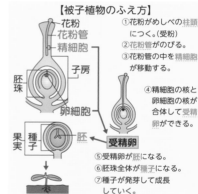

【被子植物のふえ方】

- 花粉
- 花粉管
- 精細胞
- 子房
- 胚珠
- 卵細胞
- 果実
- 種子
- 胚
- **受精卵**

① 花粉がめしべの柱頭につく。(受粉)
② 花粉管がのびる。
③ 花粉管の中を精細胞が移動する。

④ 精細胞の核と卵細胞の核が合体して受精卵ができる。

⑤ 受精卵が胚になる。
⑥ 胚珠全体が種子になる。
⑦ 種子が発芽して成長していく。

(3) 裸子植物の有性生殖…**むき出し**の胚珠に直接花粉がつき，胚珠は種子になる。
└ 子房がない。

参考 多くの裸子植物では，受粉してから受精までに時間がかかる。

実戦問題 解説 ①アは胚珠，イは花粉管，ウは精細胞，エは子房，オは卵細胞である。②生殖細胞は生殖のためにつくられる特別な細胞で，被子植物では卵細胞と精細胞である。③卵細胞と精細胞の核が合体することを受精といい，受精によって受精卵となる。

92

☑ **動物の有性生殖**

(1) **動物の生殖細胞**

◎ **精子**(せいし)…雄の生殖細胞。**精巣**(せいそう)でつくられる。

◎ **卵**(らん)…雌の生殖細胞。**卵巣**(らんそう)でつくられる。

(2) **動物の有性生殖**

◎ **受精**…雌の**卵**の核と雄の**精子**の核が合体すること。

◎ **受精卵**…卵と精子の受精によってできた細胞。

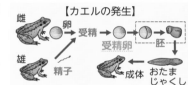

【カエルの発生】

雌 → 卵 → 受精 → 受精卵 → 胚 → 成体 おたまじゃくし

雄 → 精子

◎ **動物の発生**…受精卵は体細胞分裂によって**胚**になり，分裂をくり返し**組織**(そしき)や**器官**(きかん)がつくられ，親と同じからだになる。
└─ 細胞の数がふえていく。

参考 動物では，受精卵が細胞分裂を始めてから，自分で食物をとることができるようになる前までを胚という。

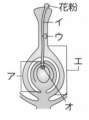

入試に出る **実戦問題** > 植物の有性生殖

※解説は左のページ

図は被子植物の花の断面を表している。

☑ ① **ア，イ**の名前を答えよ。

ア [胚珠] イ [花粉管]

☑ ② **ア～オ**のうち，生殖細胞はどれか。2つ選べ。 [ウ，オ]

☑ ③②の細胞の核が合体することを何というか。 [受精]

花粉
イ
ウ
エ
ア
オ

☑ 遺伝の規則性と遺伝子

(1) 純系…代を重ねても，常に親と同じ形質になる生物。

(2) 対立形質…ある形質について，純系どうしのかけ合わせで**同時に現れない**形質どうしのこと。

> 例 エンドウの種子の形の「丸」と「しわ」

　◎顕性形質…対立形質のうち，**子に現れる**形質。
　　└── 純系どうしをかけ合わせる。

> 例 エンドウの種子の形では，「丸」

　◎潜性形質…対立形質のうち，**子に現れない**形質。

> 例 エンドウの種子の形では，「しわ」

(3) 分離の法則…減数分裂のときに，**対をなす遺伝子がそれぞれ別の生殖細胞に入る**こと。

(4) ＤＮＡ（デオキシリボ核酸）…遺伝子の**本体**である物質。

☑ 形質と遺伝子の伝わり方

【形質と遺伝子の伝わり方（エンドウの種子の形）】

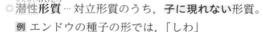

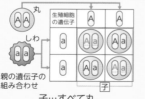

丸
しわ
生殖細胞
の遺伝子
親の遺伝子の
組み合わせ
子
子…すべて丸

生殖細胞
の遺伝子
子の遺伝子の
組み合わせ
孫
孫…丸：しわ＝３：１

> 参考 遺伝の規則性は，メンデルによって明らかにされた。

実戦問題

解説

①分離の法則によって，対になっている遺伝子が分かれて別々の生殖細胞に入る。

③AA，Aa の組み合わせになったものは丸い種子，aaはしわのある種子になり，その比は３：１である。よって，しわのある種子は，5100 個÷３＝1700 個

> **入試ナビ** 顕性形質を現す純系と，潜性形質を現す純系を親とする子が自家受粉してできる孫の形質は，顕性形質：潜性形質＝3：1となる。

✓ 進化の証拠

(1) **進化**…長い時間をかけて代を重ねる間に生物が変化すること。

(2) **進化の証拠**

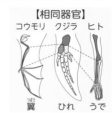

【相同器官】
コウモリ　クジラ　ヒト
翼　　　ひれ　　うで

◎ **相同器官**…現在の形やはたらきは異なるが，起源は同じものであったと考えられる器官。

◎ **始祖鳥**…は虫類と鳥類の両方の特徴をもつ動物。

(3) **地球上の生物の進化**…水中で生活するものから陸上で生活するものへと進化した。

◎ **脊椎動物**…魚類 → 両生類 → は虫類 → 哺乳類 → 鳥類 の順に出現した。

植物…コケ植物・シダ植物 → 種子植物 の順に出現した。

入試に出る 実戦問題 ＞ 形質と遺伝子の伝わり方

※解説は左のページ

Aa の遺伝子をもつエンドウどうしを受粉させた。A は丸い種子，a はしわのある種子をつくる遺伝子である。

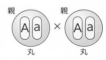

親　　　　親
（Aa） × （Aa）
丸　　　　丸

✓ ① Aa の遺伝子をもつエンドウの卵細胞の遺伝子はどのように表されるか，すべて答えよ。　　　　　　　　　[　**A，a**　]

✓ ② 子で，AA，Aa，aa の遺伝子をもつ種子の数の比を最も簡単な整数の比で表せ。　　　[AA：Aa：aa＝　**1：2：1**　]

✓ ③ 子で，丸い種子が 5100 個できたとき，しわのある種子はおよそ何個できるか。　　　　　　　　　　　　　[　**1700 個**　]

38 生態系と食物連鎖

☑ 生態系と食物連鎖

(1) **生態系**…ある地域に生息する生物と生物以外の環境を1つのまとまりとしてとらえたもの。

(2) **食物連鎖**…生物どうしの**食べる・食べられる**という関係。

(3) **食物網**…網の目のようにつながった食物連鎖の関係。

◎ **生物の数量関係**…一般に，食べる生物より**食べられる生物**の方が数が**多い**。生物の数量が一時的に増減しても，**長期的には一定**に保たれる。

注 自然災害や人間の活動などで生物のつり合いが大きくくずれると，もとにもどらなくなることもある。

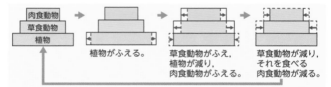

肉食動物 / 草食動物 / 植物

植物がふえる。

草食動物がふえ，植物が減り，肉食動物がふえる。

草食動物が減り，それを食べる肉食動物が減る。

☑ 生産者・消費者・分解者

(1) **生産者**…**光合成**を行い，**無機物から有機物をつくる**生物。植物など。

(2) **消費者**…ほかの生物を食べて**有機物をとり入れる**生物。昆虫，草食動物，肉食動物など。

(3) **分解者**…生物の死骸やふんなどの**有機物を無機物に分解する**生物。土の中の小動物，微生物（**菌類・細菌類**）など。
  └─ ミミズ，ダンゴムシなど   └─ カビなど   └─ 乳酸菌など
                    └─ 二酸化炭素や水など

実戦問題 | 解説 | ① 生産者は植物，消費者 A は草食動物，消費者 B は肉食動物である。
② 消費者 A が減ると消費者 B の食べるものが減るので，一時的に消費者 B も減る。

物質の循環

(1) **有機物の流れ**…**生産者 → 消費者 → 分解者**か，**生産者 → 分解者**と流れ，分解されてできた**無機物**は**生産者**に利用される。

(2) **二酸化炭素の流れ**…**生産者**，**消費者**，**分解者**は**呼吸**によって二酸化炭素を大気中に出しているが，**生産者**は**光合成**によって二酸化炭素をとり入れてもいる。

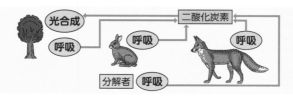

入試に
出る **実戦問題** > 生物の数量関係

※解説は左のページ

図は，生物の数量関係を表している。

☑ ① 消費者Aは，どのような動物か。**ア〜ウ**から選べ。 [ウ]

　　ア 大形肉食動物　　**イ** 小形肉食動物　　**ウ** 草食動物

☑ ② 消費者Aの数が減ると，消費者Bの数は一時的にどうなるか。

[減る。]

自然と人間

☑ 身近な自然環境の調査

(1)**マツの葉の気孔のよごれ**…よごれている**気孔の数**が**多い**ほど，
（おもな原因は，自動車の排気ガス）
マツがある場所の**空気がよごれている**といえる。

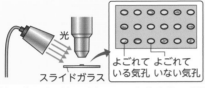

光
スライドガラス
よごれて　よごれて
いる気孔　いない気孔

●よごれている気孔
の割合
$\frac{10 個}{18 個} \times 100 = 55.55\cdots$
より，55.6%

(2)**川の水のよごれ**…見つかる**水生生物の種類**によって，川の水の
よごれぐあいがわかる。

方法 川の中にある石の表面や水草の根もと，泥の中などの水生生物を採集する。

水のよごれ	水生生物の種類
きれい	サワガニ，ヘビトンボ，ヒラタカゲロウなど
ややきれい	カワニナ，ヒラタドロムシ，ゲンジボタルなど
きたない	ヒメタニシ，ミズムシ，ミズカマキリなど
大変きたない	サカマキガイ，エラミミズ，アメリカザリガニなど

☑ 人間の活動と自然環境

(1)**外来種（外来生物）**…人間によってほかの地域から持ちこまれ
て，定着した生物。その地域に昔からいた生物に影響を与える。
（在来種）

(2)**地球温暖化**…**温室効果のある気体**が**ふえる**ことなどで**地球の気**
（二酸化炭素，メタンなど）
温が上がること。化石燃料の大量消費や森林の減少により，
二酸化炭素濃度が**増加**している。

実戦問題 **解説** ① 気孔の総数は 50 個，よごれている気孔は 32 個。$\frac{32 個}{50 個} \times 100 = 64$ より，64 %

② 気孔のよごれのおもな原因は，自動車の排気ガスである。

★★★★★

入試ナビ 自然環境の保全…二酸化炭素の増加をおさえる，環境に対する影響が少ないエネルギーを利用する，など。

(3) **自然環境の保全**…外来種の問題や地球温暖化など，人間の活動により <u>生態系は影響を受ける</u>。自然界の**つり合い**を保つために，自然環境を守っていくことが必要である。

参考 絶滅（ぜつめつ）の危機にある生物の一覧をレッドリストという。

✓ 自然災害

(1) **地震（じしん）や火山活動**…日本列島付近は 4 枚の <u>プレート</u> が集まり，地震や火山活動が活発。

◎ <u>地震</u>による災害…土砂くずれ，建物の倒壊（とうかい），<u>津波</u>（つなみ）など。

◎ <u>火山活動</u>による災害…溶岩流（ようがんりゅう）や土石流（どせきりゅう），火山灰が降るなど。

(2) **台風（たいふう）や豪雨（ごうう）**…夏から**秋**にかけて日本にやってくる台風や豪雨により，**土砂くずれや河川の氾濫（はんらん）**が起こることがある。

(3) **災害への備え**…過去の自然災害について知り，将来起こる可能性のある災害について <u>予測</u> し**防災（ぼうさい）や減災（げんさい）**に取り組むことが大切。

◎ 自然災害による被害を予測して避難経路（ひなんけいろ）などを地図上に示した <u>ハザードマップ</u> などを利用して，災害に備える。

入試に出る 実戦問題 ＞ 空気のよごれとマツの葉の気孔　　　※解説は左のページ

マツの葉の気孔を観察した。

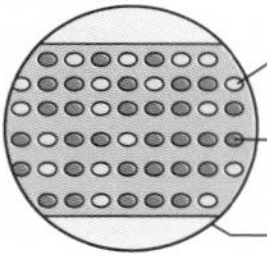

✓ ① 右図で，気孔の総数に対するよごれでつまった気孔の数の割合は，何 % か。　　[　**64 %**　]

よごれていない気孔
よごれている気孔
顕微鏡の視野

✓ ② 一般（いっぱん）に，マツのある場所の自動車の交通量が少ないほど，①の割合はどうなるか。　　[　**小さくなる。**　]

40 火をふく大地

☑ 火山噴出物と火山

(1) **火山噴出物** … 溶岩，火山灰，火山弾，火山ガスなど。
マグマがもとになってできる。

(2) **マグマ** … 地下にある岩石が**高温で液体状**になったもの。

(3) **火山の形**
… マグマの
ねばりけに
よって決ま
る。

マグマのねばりけ	強い ⟷	弱い
溶岩や火山灰の色	白っぽい ⟷	黒っぽい
噴火のようす	激しい ⟷	おだやか
火山の形	盛り上がった形　円すい形　傾斜がゆるやかな形	
	雲仙普賢岳など　浅間山など　マウナロアなど	

☑ 火成岩

(1) **火成岩** … マグマが冷え固ま
ってできる。

(2) **火山岩** … マグマが**地表や地
表付近で急に冷え固まって**
できる。

◎ **斑状組織** … **石基と斑晶**。
比較的大きな鉱物

(3) **深成岩** … マグマが**地下深
くでゆっくり冷え固まって**
できる。

◎ **等粒状組織** … 同じくらいの大きさの鉱物が組み合わさっている。

【火山岩と深成岩】

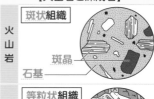

火山岩　斑状組織　斑晶　石基

深成岩　等粒状組織

🈒 火山の形と色はマグマのねばりけで決まり，火成岩のつくりはマ
グマの冷え固まり方で決まる。

実戦問題

解説

① 同じくらいの大きさの鉱物が組み合わさったつくりをしている。② 等粒状組織は深
成岩のつくりである。代表的な深成岩には花こう岩，せん緑岩，斑れい岩がある。

100

入試 ナビ

火山岩のつくり…石基に斑晶がある斑状組織。
深成岩のつくり…1つ1つの鉱物が大きい等粒状組織。

★★★
★★★
★★
★

☑ 鉱物と火成岩

(1)鉱物…火成岩をつくっている粒で，マグマからできた**結晶**。

	無色鉱物		有色鉱物			
鉱物	石英	長石	黒雲母	カクセン石	輝石	カンラン石
結晶の形						
色	無色,白色	白色,うす桃色	黒色,褐色	暗緑,黒色	緑色,褐色	黄緑,褐色
特徴	不規則に割れる。	柱状	うすくはがれる。	長い柱状	短い柱状	丸みのある短い柱状

(2)火成岩の色…無色鉱物と有色鉱物をふくむ割合で決まる。

火山岩	流紋岩	安山岩	玄武岩
深成岩	花こう岩	せん緑岩	斑れい岩
色	白っぽい ←	→	黒っぽい
多くふくまれる鉱物	石英,長石,黒雲母	長石,輝石,カクセン石	長石,輝石,カンラン石

入試に 出る 実戦問題 > 火成岩のつくり　　　　　　　　　　※解説は左のページ

図は，ある火成岩のつくりをルーペで観察したものである。

☑ ①図のような岩石のつくりを何というか。

[　等粒状組織　]

☑ ②図の岩石と同じつくりをしているものを，次の**ア**〜**ウ**から1つ選べ。

[　イ　]

ア 安山岩　　**イ** 斑れい岩　　**ウ** 流紋岩

41 ゆれ動く大地

☑ 震源と震央

(1) **震源**…地下の岩石が破壊され,地震が発生した場所。

(2) **震央**…震源の**真上**の地点。

(3) 地震の波の伝わり方
…**同心円状**。

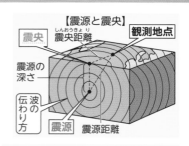

【震源と震央】

震央
震央距離
観測地点
震源の深さ
伝わり方
波の伝わり方
震源
震源距離

☑ 地震のゆれの伝わり方

(1) **初期微動**…はじめに起こる**小さな**ゆれ。**P波**によって起こる。
速さが速い。

(2) **主要動**…初期微動に続く**大きな**ゆれ。**S波**によって起こる。
速さが遅い。

(3) **初期微動継続時間**…P波とS波の到着時刻の差。震源から離れるほど長い。

参考 初期微動継続時間は,震源距離に比例する。

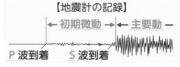

【地震計の記録】

← 初期微動 → ← 主要動 →

P波到着   S波到着

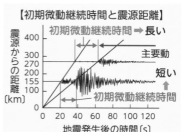

【初期微動継続時間と震源距離】

初期微動継続時間 ➡ 長い

震源からの距離〔km〕

主要動

短い

初期微動継続時間

地震発生後の時間〔s〕

☑ 震度とマグニチュード

(1) **震度**…地震の**ゆれの程度**。**0〜7**の**10**階級に分けられる。
5・6に強・弱がある。

(2) **マグニチュード(M)**…地震の**規模**を表す値。
マグニチュードが1大きいと,地震のエネルギーは約32倍になる。

実戦問題 **解説** ①② はじめにP波による初期微動が起こり,その後にS波による主要動が起こる。

③ 初期微動継続時間は,震源距離が長いほど,長い。

入試
ナビ

震度とマグニチュード…震度は場所によって異なるが，マグニチュードは１つの地震に１つであることに注意。

☑ 地震が起こる場所と原因

(1) **日本付近の震源と深さ**…**太平洋**側に多く，浅いものが多い。**日本海**側にいくほど，**少なく**，**深く**なる。

日本列島の内陸部では，震源の浅い地震が起こる。

(2) **海溝型地震**…**海洋プレートと大陸プレートの境界**で起きる。

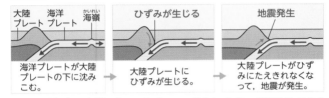

大陸
プレート　海洋
プレート　海嶺

海洋プレートが大陸プレートの下に沈みこむ。

ひずみが生じる

大陸プレートにひずみが生じる。

地震発生

大陸プレートがひずみにたえきれなくなって，地震が発生。

(3) **内陸型地震**…大陸プレート内のひずみにより，**断層**ができたり，**活断層**がずれたりすることで起こる。 ┌P.107

今後もくり返し地震を起こす可能性のある断層

(4) **地震による現象**

◎ **津波**…震源が海底にあると，津波が発生することがある。

◎ **隆起や沈降**…大地が**もち上がる隆起**や，大地が**沈む沈降**が起こることがある。

入試に
出る

実戦問題 > 地震

※解説は左のページ

図は，ある地震の地震計によるゆれの記録である。

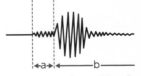

☑ ① a で表されるゆれを何というか。

[**初期微動**]

☑ ②①のゆれを伝える地震の波を何というか。 [**P波**]

☑ ③ a，b のゆれは震源で同時に発生している。a，b のゆれの到着時刻の差を何というか。 [**初期微動継続時間**]

地震波を読み解く

☑ **初期微動継続時間と震源からの距離のグラフ**

> 例題　次の図は，ある地震のP波とS波が到着した時刻と震源から
> の距離との関係を示したグラフである。

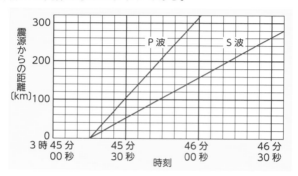

(1) この地震が発生した時刻は，何時何分何秒か。

(2) P波，S波の速さは，それぞれ何km/sか。

(3) 震源からの距離が84kmの地点での初期微動継続時間は何秒
か。

(4) ある地点で観測したところ，初期微動継続時間は36秒であ
った。この地点の震源からの距離は何kmか。

解答と解説

(1) 震源からの距離が0kmになる，P波とS波の直線と横軸と
の交点の時刻を読みとる。　　　　　　[**3時45分15秒**]

(2) $$速さ〔km/s〕＝\frac{震源からの距離〔km〕}{地震が発生してから波が届くまでの時間〔s〕}$$

入試ナビ　ある地点の初期微動継続時間は，その地点に「S波が届くまでの時間－P波が届くまでの時間」で求める。

震源からの距離が 140 km のとき，P波が届いた時刻は 3 時 45 分 35 秒なので，P波が届くのにかかった時間は

35 s －15 s ＝20 s

よって速さは，$\dfrac{140\ km}{20\ s} = 7$ km/s（S波の解説は省略）

[P波… 7 km/s　S波… 3.5km/s]

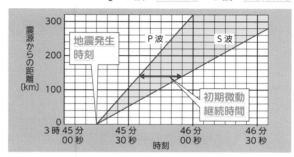

(3) **初期微動継続時間は震源からの距離に比例する**。震源からの距離が 140 km の地点の初期微動継続時間は 20 秒だから，84 km の地点の初期微動継続時間を x とすると，

140 km : 20 s ＝ 84 km : x　x = 12 s　　　[12 　秒]

別解　84 km の距離を，P波は，$\dfrac{84\ km}{7\ km/s} = 12$ s より 12 秒

で，S波は，$\dfrac{84\ km}{3.5\ km/s} = 24$ s より 24 秒で伝わる。

よって初期微動継続時間は，24 s －12 s = 12 s

(4) 初期微動継続時間が 36 秒の地点の震源からの距離を y とすると，140 km : 20 s ＝ y : 36 s　y = 252 km [252 　km]

変動する大地

☑ 地層のでき方

(1) **風化**…岩石が気温変化や風雨のはたらきで**くずれていく現象**。

(2) **流水のはたらき**…**侵食**，**運搬**，**堆積**。

【海岸からの距離と堆積物のちがい】

(3) **地層のでき方**…流水で運ばれた土砂が海底などに**堆積**してできる。

◎ 河口から**遠い**ほど**堆積物の粒**は**小さく**なる。

◎ ふつう，**下の層**ほど**古く**，**上の層**ほど**新しい**。

☑ 堆積岩

(1) **堆積岩**…堆積物が**押し固め**られてできる。

【れき岩のつくり】

粒に **丸み** がある。

(2) **堆積岩の特徴**

◎ れき岩，砂岩，泥岩は，岩石をつくる粒が**丸み**を帯びている。
└ 流水で運ばれる間に角がとれる。

◎ **化石**をふくむことがある。

(3) **堆積岩のでき方と種類**

堆積岩のでき方	堆積岩の種類
流水により**土砂**が堆積	**れき岩**，**砂岩**，**泥岩**
生物の死骸が堆積	**石灰岩**，**チャート**
火山噴出物が堆積	**凝灰岩**

れき…直径 2 mm 以上の粒
砂…直径 0.06〜2 mm の粒
泥…直径 0.06mm 以下の粒

参考 石灰岩とチャートに塩酸をかけると，石灰岩から二酸化炭素が発生し，チャートは変化しない。

実戦問題 **解説** ① 凝灰岩は，火山の噴火によって噴出した火山灰や軽石などが堆積して固まったものである。② A 〜 C 地点の凝灰岩の層を水平につなげて考えると，C 地点の標高が最も高くなる。

入試ナビ 流水のはたらきでできた堆積岩と火成岩の区別…堆積岩の粒は丸みを帯びていて，火成岩の粒は角ばっている。

★★★★★

☑ 地層からわかること

(1) **断層**…地層が切れて生じたくいちがい。

(2) **しゅう曲**…地層が押し曲げられたもの。

(3) **示準化石**…地層が堆積した**時代**（地質年代）がわかる。

(4) **示相化石**…地層が堆積した当時の**環境**がわかる。

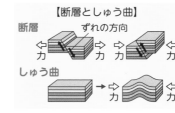

【断層としゅう曲】

おもな示準化石と地質年代

古生代	フズリナ，サンヨウチュウ
中生代	アンモナイト，恐竜
新生代	ビカリア，ナウマンゾウ，メタセコイア

おもな示相化石

サンゴ	あたたかく浅い海
アサリ	岸に近い浅い海
シジミ	湖や河口
ブナ	温帯でやや寒冷の陸地

参考 火山灰の層のように，離れた地層が同じ時代にできたことを調べるときの目印となる層を，鍵層という。

入試に出る 実戦問題 > 地層からわかること ※解説は左のページ

図は，A～C地点の，地表から深さ50 mまでの地層の重なり方を表している。ただし，凝灰岩の層は1つしかなく，地層は水平に堆積している。

☑ ① 凝灰岩の層があることから，この近くでどのようなことが起こったと考えられるか。[**火山活動**]

☑ ② 標高が最も高いのはA～C地点のどれか。 [**C地点**]

れき岩 砂岩 泥岩 凝灰岩

圧力・大気圧，気象の観測

☑ **圧力と大気圧**

(1) **圧力** … 単位面積（1 m² など）あたりの面を垂直に押す力。

◎ **求め方**

$$圧力〔Pa〕 = \frac{力の大きさ〔N〕}{力がはたらく面積〔m^2〕}$$

注意 単位はパスカル（記号 Pa）。1 Pa = 1 N/m²

(2) **大気圧（気圧）** … 大気の重さによって
空気にはたらく重力
生じる圧力。標高が高いところほど
小さい。

◎ 単位 … **ヘクトパスカル**（記号 hPa）。

1 hPa = 100 Pa

◎ 1 気圧 = 約 1013 hPa
海面ではたらく大気圧の大きさ

【大気圧の大きさ】

空気　　約 640 hPa
富士
山頂

海面　　約 1013 hPa

高度が高いほど，その上にある
空気の量が少ない
→上空ほど大気圧は小さい。

☑ **天気図と気象要素**

(1) **天気図** … 地上に天気図記号や前線，等圧線をかいたもの。
P.110

(2) **風向** … 風がふいてくる方位。**16** 方位で表す。

(3) **風力** … 風の強さ。

(4) **気温** … 地上約 **1.5 m** の高さの風通
しのよい**日影**ではかる。

(5) **湿度** … 乾湿計の乾球と湿球の示度の
差と乾球の示度をもとに，**湿度表**よ
り求める。

【天気図記号】

風向 ➡ **北西**　　風力 ➡ **4**

天気 ➡ **くもり**

【天気記号】

快晴	晴れ	くもり	雨	雪	雷
○	◐	◎	●	⊗	◓

実戦問題 **解説** ① 天気図記号の○の部分から読みとる。　② 風向は矢羽根の向きで表され，風
がふいてくる方向に向いている。風力は矢羽根の数から読みとる。

入試ナビ　気圧と風のふき方の関係に注意！　風は気圧の高いところから低いところへ向かってふく。

★★★★

☑ 気圧と風

(1) **風のふき方**…気圧が高い方から低い方へふく。

(2) **等圧線**…気圧の等しい地点を、4 hPa ごとに結んだ線。

◎ 等圧線の間隔がせまいところほど風が強い。
└─ 気圧の差が大きい。

【等圧線と風】

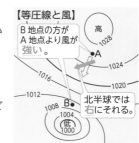

B地点の方がA地点より風が強い。

北半球では右にそれる。

☑ 高気圧と低気圧

(1) **高気圧**…等圧線が閉じていて、**まわりより気圧が高い**ところ。

(2) **低気圧**…等圧線が閉じていて、**まわりより気圧が低い**ところ。

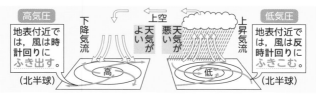

高気圧｜地表付近では、風は時計回りにふき出す。（北半球）

下降気流　上空　天気がよい　悪い天気が　上昇気流

低気圧｜地表付近では、風は反時計回りにふきこむ。（北半球）

入試に出る　実戦問題 ＞ 天気図記号の読みとり

※解説は左のページ

右の天気図記号は、ある日の観測結果を表したものである。

☑ ① 天気は何か。

[　くもり　]

☑ ② 風向と風力を答えよ。

風向[　北東　]　風力[　3　]

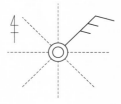

前線と天気の変化

☑ 気団と前線

(1) **気団** … 気温や湿度がほぼ一様な空気のかたまり。

(2) **前線面** … 性質が異なる2つの気団が接したときにできる境の面。

(3) **前線** … 前線面と地表面が交わってできる線。

(4) **寒冷前線**（記号▼▼▼）… **寒気が暖気を押し上げ**ながら進む。

(5) **温暖前線**（記号●●●）… **暖気が寒気の上にはい上がり**ながら進む。

(6) **停滞前線**（記号▲▼▲▼）… 寒気と暖気の勢力がほぼ**同じ**なので，ほとんど**動かない**。

【寒冷前線の進み方】

前線面／暖気／寒気→／地表面／寒冷前線／寒冷前線の進む方向

【温暖前線の進み方】

前線面／暖気／寒気／温暖前線／地表面／温暖前線の進む方向

☑ 寒冷前線の通過と天気の変化

(1) **接近時** … **南寄りの風**がふき，**積乱雲**が近づく。

(2) **通過時** … **せまい**範囲に強い雨が**短**時間降る。

(3) **通過後** … **寒気**におおわれ，急激に気温が**下**がる。風は**北寄り**に変わる。

①寒冷前線の接近 → ②寒冷前線の通過時 → ③寒冷前線の通過後

積乱雲／寒気／暖気／西／東／にわか雨

実戦問題 解説 図の気象観測のデータを見ると，16時に南寄りだった風向きが，17時に北寄りに変わっている。また，気温も急激に下がっている。

110

☑ 温暖前線の通過と天気の変化

(1) **接近時**…乱層雲などの層状の雲が見られる。

(2) **通過時**…広い範囲におだやかな雨が長時間降る。

(3) **通過後**…暖気におおわれ，気温は上がる。風は南寄りに変わる。

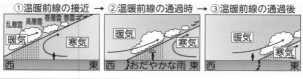

①温暖前線の接近 → ②温暖前線の通過時 → ③温暖前線の通過後

☑ 温帯低気圧

(1) **温帯低気圧**…南東に温暖前線，南西に寒冷前線をともなう中緯度で発生する低気圧。寒冷前線が温暖前線に追いついて，閉塞前線ができたあと消滅する。

注 西から東へ移動する。

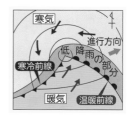

実戦問題 > 前線の通過と天気の変化

※解説は左のページ

図はある日の気象観測のデータである。

☑ この日，寒冷前線が通過したのは，何時から何時の間だと考えられるか。

[**16時〜17時**]

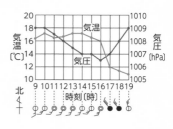

大気の動きと日本の天気

☑ 大気の動き

(1) **地球規模での大気の動き**…**太陽のエネルギー**により大気は循環する。

(2) **偏西風**(へんせいふう)…**中緯度帯の上空**(ちゅういど)でふいている西風。日本付近の低気圧や移動性高気圧を**西**から**東**へ移動させる。

【大規模な大気の動き】
北極
偏西風
赤道

☑ 季節風

(1) **季節風**(きせつふう)…**大陸と海の温度差**で生じる**気圧差**によって起こる季節に特徴的な風。 ⚠ 風は気圧の高い方から低い方に向かってふく。
└ 陸は海よりあたたまりやすく、冷めやすい。

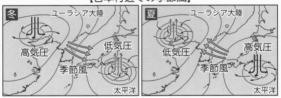

【日本付近での季節風】
冬 ユーラシア大陸 高気圧 季節風 低気圧 太平洋
夏 ユーラシア大陸 低気圧 季節風 高気圧 太平洋

☑ 海陸風

(1) **海陸風**(かいりくふう)…**海と陸の温度差**で生じる**気圧差**によって起こる風。

【海風と陸風】
昼 上昇気流 あたたまる 海風 陸 海
夜 上昇気流 冷える 陸風 陸 海

実戦問題 | 解説 | ①② 日本の南側に高気圧, 北側に低気圧がある南高北低の気圧配置は夏によく見られる。夏は, 日本の南で太平洋高気圧が発達して, 日本列島は小笠原気団におおわれる。南東の季節風がふき, 蒸し暑くなる。

入試ナビ

季節風，海陸風のふく向きに注意！…季節風，海陸風は海と陸の空気の温度差で生じる気圧差によってふく。

★★★★★★

☑ 日本の天気

(1) 冬…**西高東低**の気圧配置。
　　　└ シベリア高気圧が発達。
　◎ 冷たい**北西**の季節風がふく。

　◎ **日本海側**…雪やくもり。

　◎ **太平洋側**…**乾燥した晴れ**の日
　　が多くなる。

【冬の天気図】

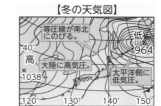

等圧線が南北にのびる。

低 964

40°

高 大陸に高気圧。 太平洋側に低気圧。

× 1038

120°　　130°　　140°　　150°

【冬の季節風と日本の天気】

寒冷で乾燥した北西の季節風　水蒸気をふくみ雲が発達する。　雲が山にぶつかり雪を降らせる。　積乱雲　乾燥した風

大陸　　日本海　　日本列島　　太平洋

(2) 夏…**南高北低**の気圧配置。あたたかく湿った**南東**の季節風がふく。
　　　　　└ 太平洋高気圧が発達。

(3) 春・秋…**低気圧**と**移動性**高気圧が交互に通過する。

(4) **梅雨(つゆ)・秋雨**…日本付近で東西に**停滞**前線がのび，雨やく
　　　└ 初夏　　　　└ 夏の終わりごろ　　　　　　└ 小笠原気団とオホーツク海気団の勢力がつり合ってできる。
　　もりの日が多くなる。

(5) **台風**…最大風速が **17.2 m/s** 以上の**熱帯低気圧**。
　　　　　　　　　　　　　　　　└ 熱帯地方で発生した低気圧

入試に出る　実戦問題 ＞ 日本の天気

※解説は左のページ

　図は日本付近で見られる特徴的な天気図である。

☑ ① このような気圧配置がよく見られる季節はいつか。　　[　**夏**　]

☑ ② 季節風はどの方角からふくか。
　　　　　　　　　　　　　[　**南東**　]

低 低996低 1.000 1000

低

低 40°

30° 高

高 1016

120°　130°　140°　150°

水蒸気と雲のでき方

☑ 空気中の水蒸気

(1) **露点**…空気中の**水蒸気**が凝結して
水滴に変わるときの温度。

(2) **飽和水蒸気量**…空気 1 m³ 中にふ
くむことのできる**最大限の水蒸気
量**。

注 露点に達したときの湿度は 100%。

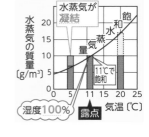

(3) 湿度の求め方

$$湿度〔\%〕= \frac{1 \text{ m}^3 \text{の空気にふくまれる水蒸気の質量〔g/m}^3〕}{その空気と同じ気温での\text{飽和水蒸気量〔g/m}^3〕} \times 100$$

☑ 気温や湿度の変化と天気

(1) 晴れた日

◎ **気温**…日の出とともにだ
んだん上昇し，**午後 2 時
ごろ最高**になり，明け方
に**最低**になる。

◎ **湿度**…晴れた日は**気温**と
ほぼ逆の変化をする。

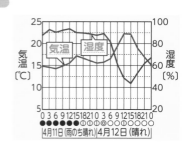

(2) くもりの日や雨の日

◎ **気温**…変化が小さくほぼ**一定**。

◎ **湿度**…雨の日は**高く**なる。

実戦問題 **解説** 図から，気温 18 ℃ での飽和水蒸気量は 15 g/m³ なので，空気中にふくまれる水蒸気量は 15 g/m³ × 0.70 = 10.5 g/m³，飽和水蒸気量が 10.5 g/m³ になる気温はグラフから約 12 ℃ なので，イ。

雲のでき方

(1)雲のでき方

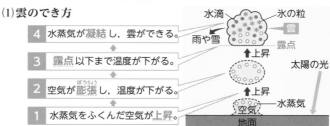

4　水蒸気が凝結し，雲ができる。

3　露点以下まで温度が下がる。

2　空気が膨張し，温度が下がる。

1　水蒸気をふくんだ空気が上昇。

（図中）水滴　氷の粒　雲　雨や雪　露点　上昇　太陽の光　上昇　空気　水蒸気　地面

(2)**降水**…雨や雪など。雲から水滴や氷の粒が**途中でとけて落ち**てきたものが雨，氷の粒が**そのまま落ちてきた**ものが雪。

気象がもたらす恵みと災害

(1)**恵み**…豊富な雨量は，美しい景観を生み出し，**農業や工業用水，生活用水**などに利用される。

(2)**気象災害**…台風による**強風**や**高潮**，河川の**氾濫**や**土砂災害**，冬期の**大雪**や**なだれ**などによる災害がある。

入試に出る 実戦問題 ＞ 露点

※解説は左のページ

図は，気温と飽和水蒸気量の関係を表している。

☑ 気温 18 ℃，湿度 70 % の空気の露点はおよそ何℃と考えられるか。次の**ア〜ウ**から最も近いものを選べ。

ア 8 ℃　**イ** 12 ℃　**ウ** 17 ℃

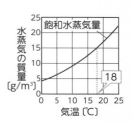

飽和水蒸気量

水蒸気の質量〔g/m³〕

気温〔℃〕

[**イ**]

☑ 太陽

(1) **黒点**…太陽の表面に見える黒い部分。**まわりより温度が低い**。

(2) **プロミネンス（紅炎）**…太陽の表面に見える，炎のような**ガス**の動き。

(3) **コロナ**…太陽をとり巻いている，**温度の高いガスの層**。

(4) **黒点の見え方や動き**…太陽が**球形**で**自転**していることがわかる。

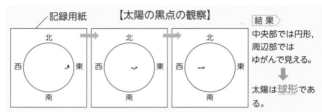

【太陽の黒点の観察】

記録用紙

北　西　東　南

結果
中央部では円形，周辺部ではゆがんで見える。
➡
太陽は**球形**である。

☑ 太陽系の天体

(1) **太陽系**…**太陽**とそのまわりを回っている**惑星**や**小天体**の集団。

(2) **惑星**…太陽系にある，水星，**金星**，地球，火星，木星，**土星**，天王星，海王星の **8** つ。

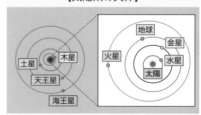

【太陽系の天体】

土星　木星　地球　金星　火星　水星　太陽　天王星　海王星

◎ **地球型惑星**…主に岩石でできている小型で密度が**大きい**惑星。
　　水星，金星，地球，火星

◎ **木星型惑星**…ガスなどでできている大型で密度が**小さい**惑星。
　　木星，土星，天王星，海王星

実戦問題 解説
① 太陽が自転しているため，黒点の位置は日によって変わる。
② 黒点の形は中央部では円形，周辺部ではゆがんだ形に見える。

116

入試ナビ 惑星…太陽に近い惑星から順に，水星，金星，地球，火星，木星，土星，天王星，海王星。

★★★
★★★
★

(3)**衛星**…地球のまわりを公転する月のように，惑星のまわりを公転する天体。

(4)**すい星**…氷の粒や小さなちりなどが集まった天体。

(5)**小惑星**…太陽のまわりを公転する小天体で，火星と木星の間を公転するものが多い。
└リュウグウなど

(6)**太陽系外縁天体**…海王星の外側を回る多数の小さな天体。
└冥王星，エリスなど

注 惑星はほぼ同じ平面上を同じ向きに公転している。

☑ **銀河系と太陽系**

(1)**恒星**…自ら光や熱を放つ天体。星座を形づくる。恒星までの距離は**光年**（光が1年間に進む距離）で表す。

【真横から見た銀河系】

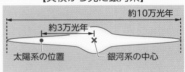

(2)**銀河系**…太陽系をふくむ約2000億個の**恒星の集団**。

地球と宇宙

入試に出る 実戦問題 ＞黒点の移動
※解説は左のページ

太陽の黒点を，記録用紙に投影した。

☑①黒点が日によって移動するのは，太陽が何をしているからか。
[自転]

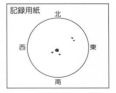

☑②黒点の観察を数日行ったとき，太陽が球形であることはどのようなことでわかるか。
[中央部で円形だった黒点が，周辺部ではゆがんで見えたこと。]

117

地球の動きと天体の動き

☑ 太陽の1日の動き

(1) **地球の自転**…地球が**地軸**を中心に**1日1回転**すること。

(2) **天球**…**地球**を中心として，星が散りばめられた**見かけ**上の大きな球形の**天井**。

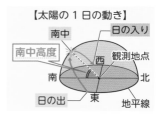

【太陽の1日の動き】

(3) **太陽の1日の動き**…**東**の空からのぼり**南**の空を通り，**西**の空に沈む。

1時間で15°

(4) **南中**…太陽が**真南**にくること。

(5) **南中高度**…太陽が南中したときの高度。

(6) **太陽の日周運動**…**地球の自転**による，太陽の1日の見かけの動き。

☑ 星の1日の動き

(1) **星の1日の動き**…東・西・南の空では，**東**から**西**へ，北の空では，**北極星**を中心に**反時計回り**に1時間で**15°**動く。

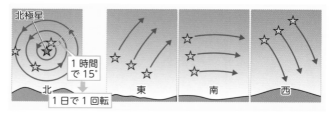

(2) **天体の日周運動**…**地球の自転**による，天体の1日の見かけの動き。

実戦問題 解説 ①太陽は東の空からのぼる。よって，Aは南，Bは東，Cは北，Dは西，Eは日の出，Fは日の入りの位置である。②南中高度は，点Oから観測した太陽の高度。

118

星の動き…同じ日では1時間に15°（24時間で360°）動く。
同じ時刻では1日に約1°，1か月に約30°動く。

★★★
★★★

☑ 星座や太陽の1年の動き

(1) **地球の公転**…地球が太陽のまわりを1年で1周すること。

(2) **星座の1年の動き**…見える星座の位置は，**1日に約1°，1か月に約30°**動く。

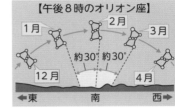

【午後8時のオリオン座】

1月　2月　3月
12月　約30°　約30°　4月
←東　　南　　西→

(3) **太陽の1年の動き**…星座の間を**西**から東へ動いて見え，**1年**で黄道を1周する。

◎ **黄道**…**天球**上の**太陽**の見かけの通り道。

天球
太陽の見かけの動きの向き
地球　　　太陽
黄道
公転の向き

(4) **天体の年周運動**…地球の**公転**による，天体の1年の見かけの動き。

注 ある星座が南中する時刻は，1か月に約2時間早くなる。

地球と宇宙

入試に
出る **実 戦 問 題** > **太陽の動き**

※解説は左のページ

太陽の動きを透明半球に記録した。

☑ ① 東は，図のA～Dのどれか。

[**B**]

☑ ② 南中高度を表すものを，**ア**～**エ**から選べ。 [**イ**]

ア ∠AQP　　イ ∠AOP
ウ ∠COP　　エ ∠CQP

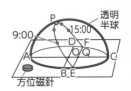

透明半球
P
9:00　15:00
D F
A　　O Q　　C
B E
方位磁針

119

季節の変化

☑ 季節の変化が起こる理由

(1) **地球の地軸**…地球は地軸を**公転面に垂直な線から 23.4°傾けて**，太陽のまわりを 1 年に 1 回公転している。

　　→ このため太陽の**南中高度**や**昼の長さ**が変わり，季節が生じる。

【地軸の傾きと季節】

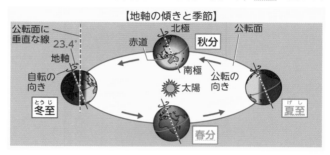

☑ 季節の変化

(1) **南中高度の変化**…冬至は，太陽が**南寄り**から出て，**南寄りに沈み**，南中高度は**最低**。

夏至は，太陽が**北寄り**から出て，**北寄りに沈み**，南中高度は**最高**。

参考 太陽の南中高度の求め方
夏至 … 90°−（観測地点の緯度 − 23.4°）
冬至 … 90°−（観測地点の緯度 + 23.4°）
春分・秋分 … 90°−観測地点の緯度

【太陽の動きと季節の変化】

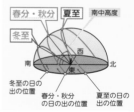

実戦
問題
解説
① 太陽が南寄りから出るのは，冬至である。
② 冬至は，昼の長さが短く，南中高度が低い。

入試ナビ

夏至…南中高度は最高，昼が長く，太陽の光は多い。
冬至…南中高度は最低，昼が短く，太陽の光は少ない。

★★★
★★★

(2)**昼の長さの変化** … 北半球では，**冬至**が最**短**，**夏至**が最**長**。春
分・秋分は，昼と夜の長さが**ほぼ同じ**になる。

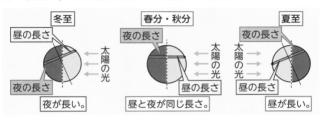

(3)**光の当たり方** … 太陽の光が当たる角度が**垂直**に近いほど，**同
じ面積の地面に当たる光の量**が**多く**なる。

(4)**気温の変化** … 太陽の南
中高度が**高く**，昼の長
さが**長い**ほど，気温は
高くなる。

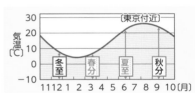

入試に出る 実戦問題 > **季節の変化**

※解説は左のページ

地球は太陽のまわりを公転している。

☑ ①北半球で，太陽が南寄りから出る
のは，地球がA〜Dのどの位置にあ
るときか。　　　　[　**C**　]

☑ ②北半球で，夏至より冬至の方が気温が低い理由のうち，南中
高度について書け。　　　　[**南中高度が低いから。**]

星の動き，地球の公転と季節の変化のポイント

☑ ## 同じ時刻に見える星座の位置

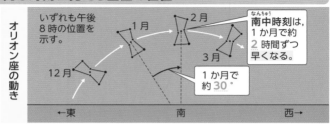

オリオン座の動き

いずれも午後8時の位置を示す。

南中時刻は，1か月で約2時間ずつ早くなる。

1か月で約30°

←東　　　南　　　西→

☑ ## 季節によるおもな星座の位置

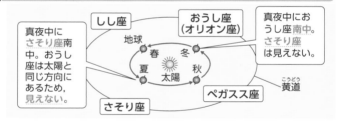

真夜中にさそり座南中。おうし座は太陽と同じ方向にあるため，見えない。

しし座

おうし座（オリオン座）

真夜中におうし座南中。さそり座は見えない。

地球

春　冬

夏　秋

太陽

さそり座

ペガスス座

黄道

☑ ## 地軸の傾きと季節

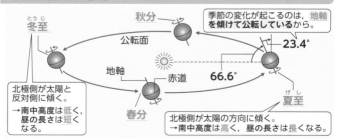

秋分

冬至

公転面

地軸

赤道

23.4°

66.6°

季節の変化が起こるのは，地軸を傾けて公転しているから。

北極側が太陽と反対側に傾く。
→南中高度は低く，昼の長さは短くなる。

春分

夏至

北極側が太陽の方向に傾く。
→南中高度は高く，昼の長さは長くなる。

入試
ナビ

南の空の星座の日周運動と年周運動…日周運動は東から西へ
1時間に15°，年周運動は東から西へ1か月に30°。

☑ 季節による太陽の南中高度の変化

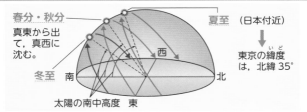

春分・秋分
真東から出て，真西に沈む。

夏至 （日本付近）

東京の緯度は，北緯35°

冬至　南

西

北

太陽の南中高度　東

◎ 東京での太陽の南中高度の変化

冬至 … $90° - (35° + 23.4°) = 31.6°$ (最低)

春分・秋分 … $90° - 35° = 55°$

夏至 … $90° - (35° - 23.4°) = 78.4°$ (最高)

☑ 季節による昼の長さの変化

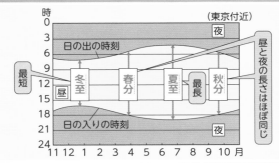

時
0
3
6
9
12
15
18
21
24

（東京付近）

夜

日の出の時刻

最短

冬至　昼　春分　夏至　最長　秋分

昼と夜の長さはほぼ同じ

日の入りの時刻

夜

11 12 1 2 3 4 5 6 7 8 9 10 月

☑ 季節による気温の変化

	太陽の南中高度	昼の長さ	同じ面積の地面が受ける光の量	気温
夏至	高い	長い	多い	高い
冬至	低い	短い	少ない	低い

50 月と惑星の見え方

☑ 月の見え方

(1) **月の満ち欠け** … 月は**太陽**の光を反
射して光って見える。また，月は
地球のまわりを公転しているた
め，地球から見たとき，月の光って見える部分の見え方が，日によって変わる。
— 新月から次の新月まで約 29.5 日

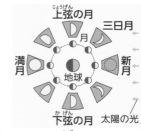

上弦の月　三日月
月
満月　新月
地球
下弦の月　太陽の光

(2) **月の動き** … 地球が**自転**しているた
め，月は**東**の空から出て**南**の空を通り**西**の空に沈む。
— 西から東へ反時計回り

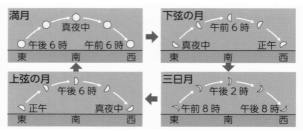

満月	
真夜中	
午後6時　午前6時	
東　南　西	

下弦の月
午前6時
真夜中　正午
東　南　西

上弦の月
午後6時
正午　真夜中
東　南　西

三日月
午後2時
午前8時　午後8時
東　南　西

> **注意** 同じ時刻に見える月の位置は月の公転により，毎日西から東へ移動する。

☑ 日食と月食

(1) **日食** … 太陽，月，地球の順に並
んだとき，**月によって太陽がか
くされる**現象。**新月**のときに起
こる。
— 必ず起こるわけではない。

【日食】
太陽　月(新月)
地球

実戦問題 | 解 | ① 上弦の月が見えるのは，月がオの位置にあるときである。
| 説 | ② 月食は，太陽，地球，月の順に並んだときに起こることがある。

入試ナビ
月の見え方…月の位置によって，見える形が変わる。
金星の見え方…夕方と明け方しか見えない。

(2) **月食**…**太陽，地球，月**の順に並んだとき，**月が地球の影に入る**現象。**満月**のときに起こる。
└ 必ず起こるわけではない。

【月食】 太陽　　　月（満月）
　　　　　　地球

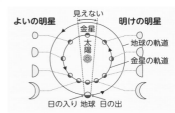

金星の見え方

(1) **金星の見え方**…金星は，月と同じで，太陽の光を反射して光って見えるので，**金星も満ち欠けする**。また，地球との**距離**によって，見える**大きさ**も変わる。
└ 近いほど大きい。

よいの明星　見えない　**明けの明星**
金星　太陽
地球の軌道
金星の軌道
日の入り　地球　日の出

◎ **よいの明星** → **夕方**に，**西**の空に見える金星。
◎ **明けの明星** → **明け方**に，**東**の空に見える金星。

(2) **内惑星**…地球より**内側**を公転する惑星。**水星，金星**。
└ 真夜中には観測できない。

(3) **外惑星**…地球より**外側**を公転する惑星。**火星**，木星，土星，天王星，海王星。

地球と宇宙

入試に出る 実戦問題 ＞月の見え方
※解説は左のページ

図1のように，午後7時に月が見えた。

① 図1の月は，図2の**ア～ク**のどの位置の月か。　　　[**オ**]

② 別の日に月食が見られた。そのときの月は，図2の**ア～ク**のどの位置の月か。
　　　　　　　　[**ウ**]

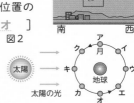

125

計算問題に強くなろう

☑ **比例式を使って問題を解く**

金属の酸化での質量の割合などは，比例式を使って問題を解こう。

例題 下のグラフを見て答えよ。

(1) 4.0 g の銅が酸化すると，何 g の酸化銅ができるか。

(2) 酸化マグネシウムの質量が 1.5 g のとき，何 g のマグネシウムが酸化されたか。

解説 (1) 0.8 g の銅から **1.0** g の酸化銅ができるので，求める酸化銅の質量を x とすると，

$$0.8\,\text{g} : \mathbf{1.0}\,\text{g} = 4.0\,\text{g} : x$$

> 求める値を x とした比例式をつくる。

$$\mathbf{1.0}\,\text{g} \times 4.0\,\text{g} = \mathbf{0.8}\,\text{g} \times x$$

よって，$x = 5.0\,\text{g}$

(2) 酸化されたマグネシウムの質量を y とすると，

$$0.6\,\text{g} : \mathbf{1.0}\,\text{g} = y : 1.5\,\text{g}$$

$$\mathbf{1.0}\,\text{g} \times y = 0.6\,\text{g} \times \mathbf{1.5}\,\text{g}$$　よって，$y = 0.9\,\text{g}$

【金属と金属の酸化物の質量】

金属の酸化物の質量〔g〕 / 金属の質量〔g〕

読みとりやすい点を読む。

マグネシウム / 銅

グラフは**原点**を通る直線

↓

2つの量は比例の関係にある

↓

比例式が使える

解答 (1) 5.0 g　(2) 0.9 g

比例式の解き方

比例式の性質　$a:b=c:d$ ならば $ad=bc$ を利用して解く。

$$\bigcirc : \triangle = \square : x \implies \underset{①}{\triangle \times \square} = \underset{②}{\bigcirc \times x}$$

入試
ナビ

公式を正確に覚えよう。オームの法則や密度，圧力などの公式は，覚えるコツを活用しよう。

☑ 公式はパターンでおさえよ

パターン①

◎ **オームの法則**

電圧 V ＝ <u>抵抗 R</u> ×電流 I
〔V〕　　　〔Ω〕　　　〔A〕

抵抗 R ＝ <u>電圧 V</u> ÷電流 I
〔Ω〕　　　〔V〕　　　〔A〕

電流 I ＝ 電圧 V ÷抵抗 R
〔A〕　　　〔V〕　　　〔Ω〕

◎ 電力〔W〕＝ <u>電圧〔V〕</u> ×電流〔A〕

ポイント

【変形式の覚え方】

$$V = RI \qquad R = \frac{V}{I} \qquad I = \frac{V}{R}$$

パターン②

◎ 密度〔g/cm³〕＝ $\dfrac{\text{質量〔g〕}}{\text{体積〔cm}^3\text{〕}}$

◎ 圧力〔N/m²〕＝ $\dfrac{\text{力の大きさ〔N〕}}{\text{力がはたらく面積〔m}^2\text{〕}}$
　　〔Pa〕

◎ 速さ〔m/s〕＝ $\dfrac{\text{物体が移動した距離〔m〕}}{\text{移動するのにかかった時間〔s〕}}$

ポイント

公式を忘れたら
単位に注目！

例 圧力の公式
圧力の単位⇒N/m²

N(力)÷m²(面積)
を表している。

パターン③

◎ 質量パーセント濃度〔%〕
　＝ $\dfrac{\text{溶質の質量〔g〕}}{\text{溶液の質量〔g〕}}$ ×100

◎ 湿度〔%〕＝ $\dfrac{1\text{m}^3\text{の空気にふくまれる水蒸気の質量〔g/m}^3\text{〕}}{\text{その空気と同じ気温での飽和水蒸気量〔g/m}^3\text{〕}}$ ×100

ポイント

もとになる考え方

割合＝ $\dfrac{\text{比べる量}}{\text{もとにする量}}$

☑ 状態変化

例題
　右のグラフは氷を熱したときの時間と温度の変化を表している。

(1) 氷がすべてとけた時間を表しているのはa～dのどこか。
　　　　　　　　　　[b]

(2) 液体と気体が混ざっているのはア～ウのどこか。[ウ]

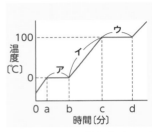

ポイント (1) 水の融点は0℃なので,とけ始めからとけ終わりまでは0℃のまま変化しない。

☑ オームの法則

例題
　右のグラフは電熱線a,bに加えた電圧と電流の関係を表している。

(1) 電熱線a,bで,抵抗が大きいのはどちらか。　[b]

(2) 電熱線a,bを直列つなぎにしたときの電圧と電流の関係をグラフ中に表せ。

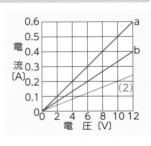

ポイント (1) 抵抗が大 → 電流が流れにくい → グラフの傾きが小さい。

(2) 直列回路では,電熱線a,bに流れる電流の大きさが等しい。0.2Aのとき,4V＋6V＝10V

入試ナビ 比例のグラフは原点を通る直線になる，一定の値になる場合はグラフに平らな部分ができるなど，グラフの特徴をつかもう。

台車の運動

例題

1秒間に50打点する記録タイマーで，台車が斜面を下る運動を記録した。右のグラフは，そのテープを5打点ずつ切って並べたものである。

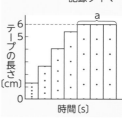

(1) aの部分の台車の速さは何cm/sか。　　　　　[**60** cm/s]

(2) 台車が動き始めてからの時間と速さの関係を表すグラフは**ア〜エ**のどれか。　　　　[**イ**]

ポイント
(1) 18 cm ÷ 0.3 s = 60 cm/s

(2) 斜面を下る間は速さが増加し，水平面では等速直線運動をする。

特別コーチ ＞ グラフのかき方を復習しよう

☑ 例 ばねを引く力の大きさとばねののびの関係

① 横軸と縦軸を決める。

② 目盛りを決める。

③ 測定値をかきこむ。

④ グラフの線を引く。
　　　誤差をふくむこともあるので，すべての点は通らないこともある。

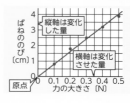

記述問題に強くなろう

☑ **用語の意味を説明する記述問題**

例題 風化とはどのような現象か。

解答例

> 岩石が太陽の熱や水(風雨)のはたらきなどによって，長い間に表面からくずれていく現象。

ポイント ① 「どのような現象か」ときかれているので，文末は「〜(という)現象。」や「〜こと。」などにする。

② 「岩石が表面からくずれていくこと。」だけでは説明が不十分。

③ 教科書の太い字で書かれている重要語句を確認して，説明する練習をしてみよう。

☑ **実験操作の注意点を説明する記述問題**

例題 炭酸水素ナトリウムを試験管に入れて加熱するとき，試験管の口を少し下げて加熱するのはなぜか。

炭酸水素
ナトリウム

ガス
バー
ナー

口を少し下げて加熱。

解答例

> 加熱によって発生した液体が加熱部分に流れて，試験管が割れるのを防ぐため。

ポイント ① 理由をきかれているので，文末は「〜のため。」や「〜だから。」などにする。

② 「危険だから。」だけでは説明が不十分。

入試
ナビ

語句の説明や実験の注意事項，実験からわかることなどを自分の言葉で説明できるようにしておこう。

☑ 実験の結果から考察を説明する記述問題

例題 右の図のような試験管Ａ，Ｂを用意して
日光に当てた。30分後，両方の試験管に石
灰水（かいすい）を少量入れてよく振（ふ）ったところ，試験管
Ａの石灰水はにごらなかったが，試験管Ｂの
石灰水は白くにごった。この実験からわかる
ことを書け。

解答例

> タンポポの(葉の)はたらき(光合成)によって二酸化炭素が
> 使われたこと。

ポイント ① 実験からわかることだけを書く。

② 「二酸化炭素が減ったこと。」だけでは不十分。

☑ 指定された用語を使って説明する記述問題

例題 右の図のような装置で，水溶液に
電流を流したときのようすを調べた。
塩化銅水溶液では電流が流れたが，砂
糖水では電流は流れなかった。この理
由を「電離（でんり）」，「分子」という語を使っ
て説明せよ。

解答例

> 塩化銅は水にとけると電離するが，砂糖は水にとけても分子
> のままだから。

ポイント ◎ 指定された用語を使っていないと不正解になる。

★ 用語・事項のうち特に重要なものは赤文字で示してあります。
★ 重要用語の左の□はチェックらんです。

	☐ **震源**	……102 ▶	地下の岩石が破壊され，地震が発生した場所。
	☐ **深成岩**	……100 ▶	マグマが地下深くでゆっくり冷え固まってできた岩石。
	☐ **震度**	……102 ▶	地震のゆれの程度を，0～7の10階級で表したもの。
す	☐ **水圧**	……18 ▶	水中にある物体にはたらく，水の重さによる圧力。
せ	☐ **生産者**	……96 ▶	光合成を行い，無機物から有機物をつくる生物。
	☐ **静電気(摩擦電気)**	……28 ▶	種類の異なる物質どうしを摩擦したときに生じる電気
	☐ **脊椎動物**	……72 ▶	背骨のある動物。
	☐ **赤血球**	……87 ▶	酸素を運ぶ血球。ヘモグロビンをふくむ。
	☐ **節足動物**	……73 ▶	全身が外骨格でおおわれ，からだやあしに多くの節がある動物。
	☐ **染色体**	……90 ▶	細胞分裂のとき，核の中に見られるひも状のもの。
	☐ **潜性形質**	……94 ▶	対立形質のうち，子に現れない形質。
そ	☐ **相同器官**	……95 ▶	現在の形やはたらきは異なるが，起源は同じものであったと考えられる器官。

た行

た	☐ **ダニエル電池**	……60 ▶	硫酸亜鉛水溶液に入れた亜鉛板（－極）と，硫酸銅水溶液に入れた銅板（＋極）を電極とする電池。
	☐ **単体**	……50 ▶	1種類の元素からできている物質。
ち	☐ **中和**	……62, 63 ▶	酸の水素イオンとアルカリの水酸化物イオンが結びついて水ができる反応。
て	☐ **低気圧**	……109 ▶	等圧線が閉じていて，まわりより気圧が低いところ。
	☐ **電子**	……29, 59 ▶	－の電気をもった粒子。電流は電子の流れ。
	☐ **電磁誘導**	……27 ▶	コイルの中の磁界が変化してコイルに電圧が生じる現象。
	☐ **電離**	……59 ▶	電解質が水にとけたとき，陽イオンと陰イオンに分かれること。
	☐ **電力**	……23 ▶	1秒間に消費する電気エネルギーの量。
と	☐ **道管**	……80 ▶	根から吸収した水や水にとけた養分が通る管。
	☐ **等速直線運動**	……31 ▶	物体が一定の速さで一直線上を進む運動。
	☐ **動脈**	……86 ▶	心臓から送り出される血液が通る血管。
	☐ **等粒状組織**	……100 ▶	同じくらいの大きさの鉱物が組み合わさった，深成岩のつくり。

な行

な	☐ **軟体動物**	……73 ▶	内臓が外とう膜に包まれている動物。
	☐ **南中**	……118 ▶	太陽などの天体が真南にくること。

中学3年分の一問一答が無料で解けるアプリ

以下の URL または二次元コードからアクセスしてください。
https://gakken-ep.jp/extra/smartphone-mondaishu/
※サービスは予告なく終了する場合があります。

高校入試 出るナビ　理科　改訂版

本文デザイン	シン デザイン
編集協力	有限会社 マイプラン
本文イラスト	たむらかずみ
図　版	株式会社 アート工房, 有限会社 ケイデザイン
写　真	編集部
DTP	株式会社 明昌堂　データ管理コード:24-2031-1035(2021)

この本は下記のように環境に配慮して製作しました。　　※赤フィルターの材質は「PET」です。
・製版フィルムを使用しないCTP方式で印刷しました。
・環境に配慮して作られた紙を使用しています。